Liebe Zahlenfreundin, lieber Zahlenfreund,

mit diesem Trainingsheft kannst du entdecken, wie spannend Zahlen sind: Es gibt viele Übungen zum Rechnen, Knobeln, Malen und Nachdenken!

Die Aufgaben mit einer 👑 sind ein bisschen schwieriger. Die **Tests** zwischendurch können dir zeigen, wie gut du dich auskennst.

In der Heftmitte findest du alle **Lösungen mit Erklärung** zum Herausnehmen und eine URKUNDE! Löse immer zwei Seiten und kontrolliere sie. Dann darfst du die Nummer der rechten Seite auf der Urkunde suchen und mit der vorgegebenen Farbe anmalen.

Auf Seite 72 und 73 findest du wichtige **Begriffe** erklärt und ein paar **Rechentipps**.

Viel Freude damit
wünscht dir Helena Heiß

Hallo Kinder!
Ich bin Coco und übe mit dir.
Ich erkläre dir die Aufgaben mit Beispielen. Manchmal habe ich auch einen Tipp für dich!
Auf geht's!

Zahlen bis 10

1 Male die Zahlen im Zahlendschungel nach:
1 blau, **2 rot**, **3 grün**. Achte auf die Startpfeile.

2 Schreibe die fehlende Hälfte als **3**.

3 Schreibe in die Kästchen: **5**, **4** und **7**.

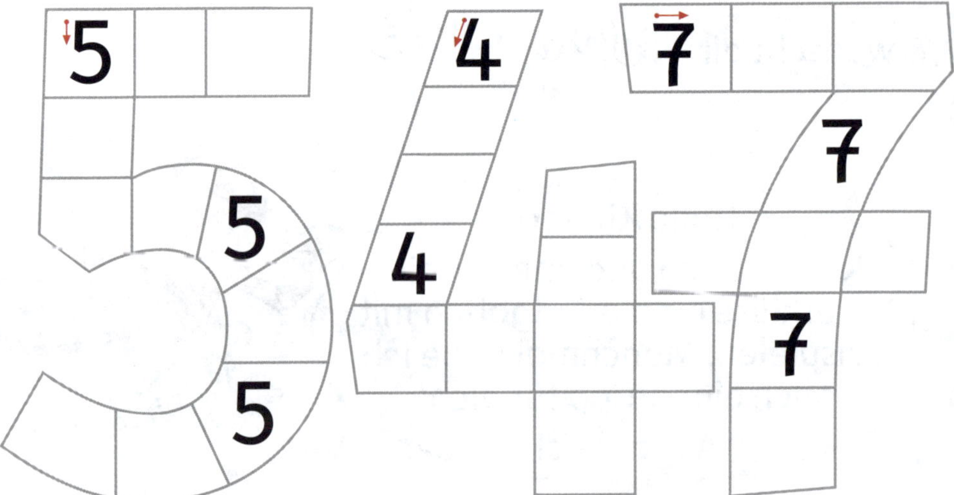

4 Zwei Autorennen: Fahre den Weg mit zehn verschiedenen Farben nach. Beginne bei Start.

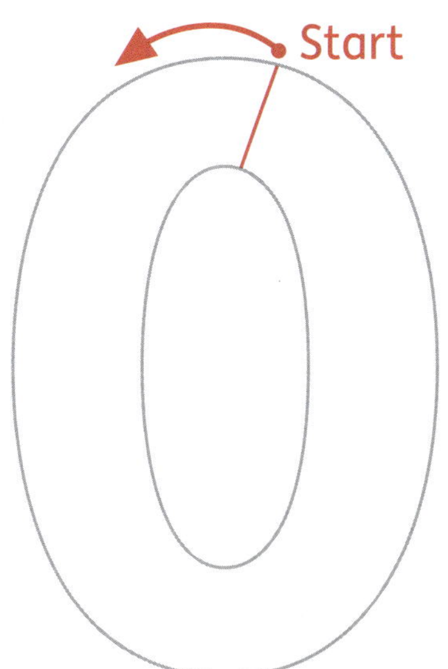

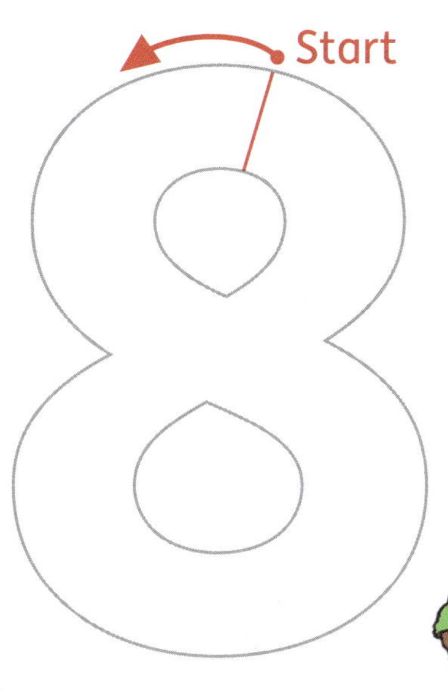

5 Male viele Locken: Schreibe **6**.

6 Schreibe **9**.

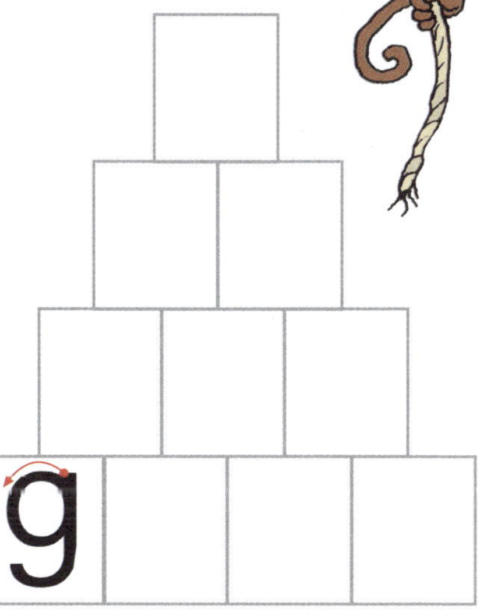

Alles fertig? Dann male jetzt auf deiner Urkunde in der Mitte des Heftes das **Feld 3 braun** an.

7 Wie viele sind es? Zähle und trage es ein.
Bei 5 Strichen schreibst du so: 𝍸

	𝍸 I	**6**

8 Rechenketten: Male bunte Perlen.

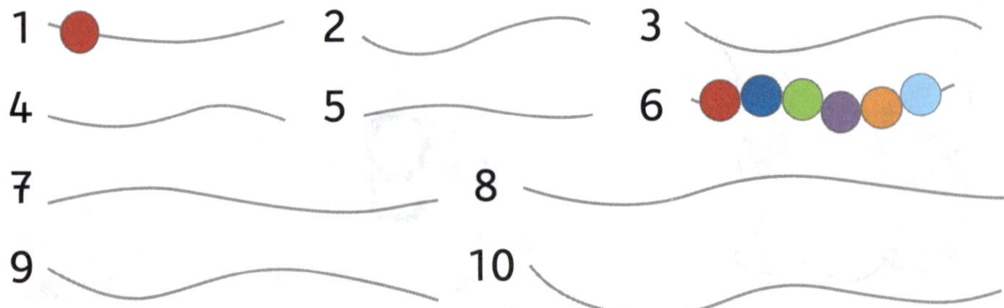

9 Der Zahlenstrahl bis 10

▶ Schreibe die Zahlen in die Luftballons und ...

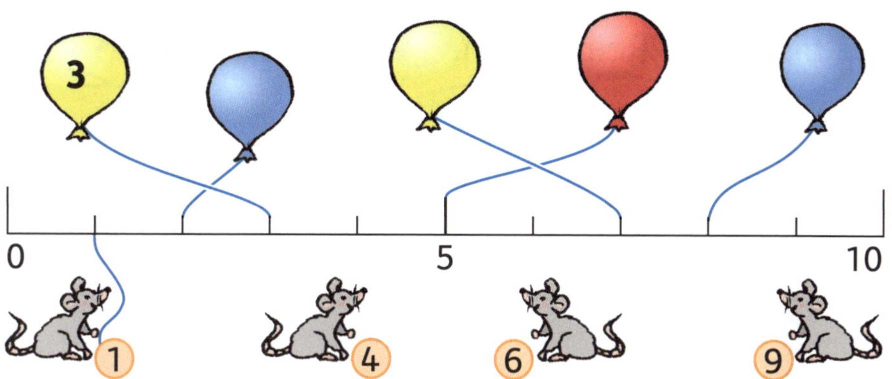

▶ ... verbinde jede Maus mit der richtigen Stelle.

10 Vergleiche die Zahlen. Ist die vordere Zahl kleiner (<), größer (>) oder gleich groß (=)?

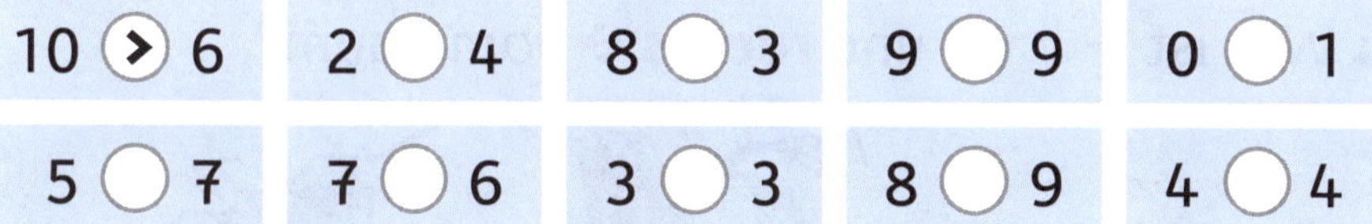

11 Finde Nachbarzahlen (Zahl davor, Zahl danach).

12 Zahlensprünge vorwärts: Wie geht es weiter?

Male jetzt **Feld 5** auf der Urkunde an.

Links oder rechts?

13 Verbinde die Punkte von 1 bis 10 der Reihe nach.

Zuerst die **blauen Zahlen** auf der **linken Seite**, dann die **roten Zahlen rechts**!

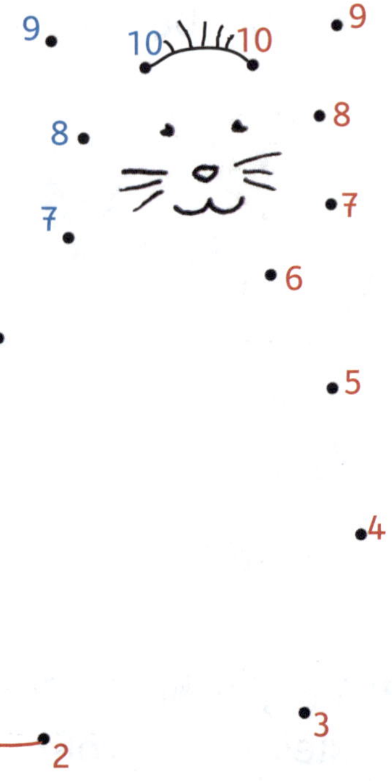

9 10 10 9
8 8
7 7
6
6
5
5
4
1 2 4
3
1 2 3

14 Was ist ← **links** und **rechts** → vom Baum?

Trage ein: **l** oder **r**.

	l										

15 Im Spielzeugregal

▶ Was ist rechts oder links davon? Male es.

▶ Ein Spielzeug fehlt unten. Kreise es oben ein.

16 Wo ist die Kugel? Verbinde mit dem Bild.

auf der Box

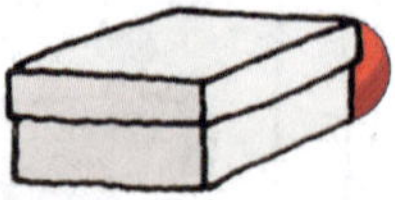

hinter der Box

in der Box

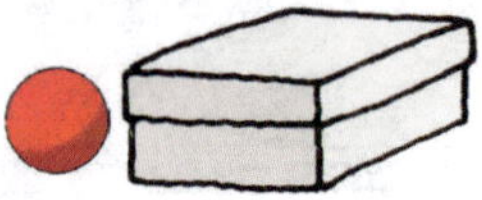

rechts neben der Box

links neben der Box

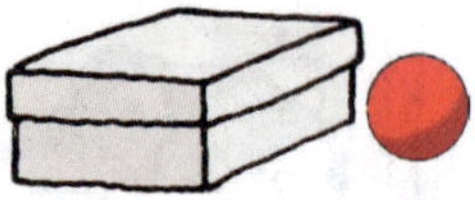

unter der Box

über der Box

17 Male das Muster weiter an.
Achte genau auf die Farben.

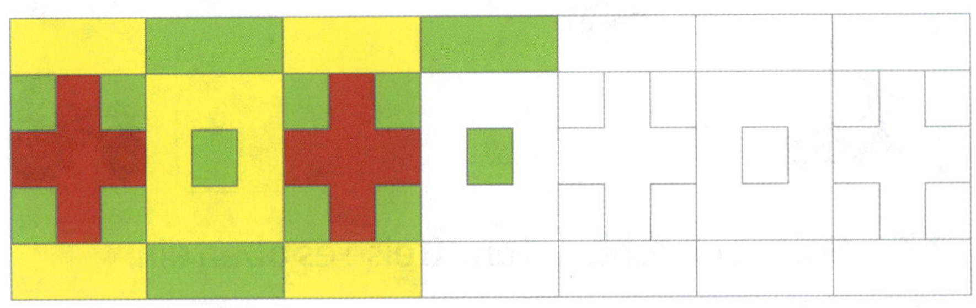

Test 1: Zahlen bis 10

Punkte:

1 Wie heißt die Zahl? Schreibe sie dazu.

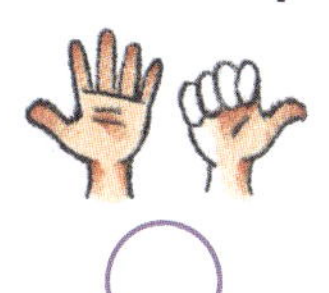 ◯

 ◯

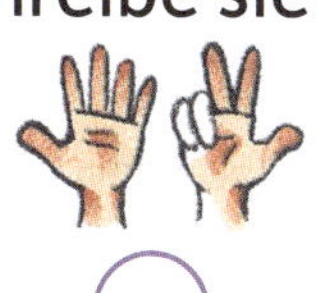 ◯

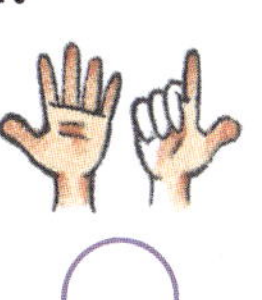 ◯

◯ /4

2 Wie viele findest du? Schreibe die Zahl auf.

◯ /4

3 Kleiner, größer, gleich? Setze ein: <, >, =.

2 ◯ 4   6 ◯ 5   3 ◯ 3   8 ◯ 3

◯ /4

4 Nachbarzahlen:
Schreibe sie **links blau** und **rechts rot**.

	5	

	7	

	9	

◯ /6

18-14 Punkte:	Gut gemacht! Du bist spitze!
13-8 Punkte:	Schau genau, was dir noch unklar ist!
weniger als 8:	Du solltest weiter üben!

Gesamt: ◯ /18

Die Lösungen zu den Tests stehen am Ende des Lösungsteils.

Rechnen bis 10

18 **Immer 10** in der Schüttelbox

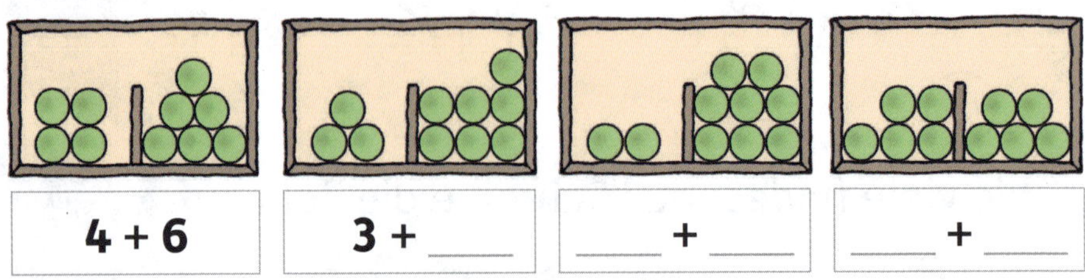

4 + 6	3 + ___	___ + ___	___ + ___

Wie viele Kugeln sind jetzt auf der anderen Seite?
Zeichne und schreibe.

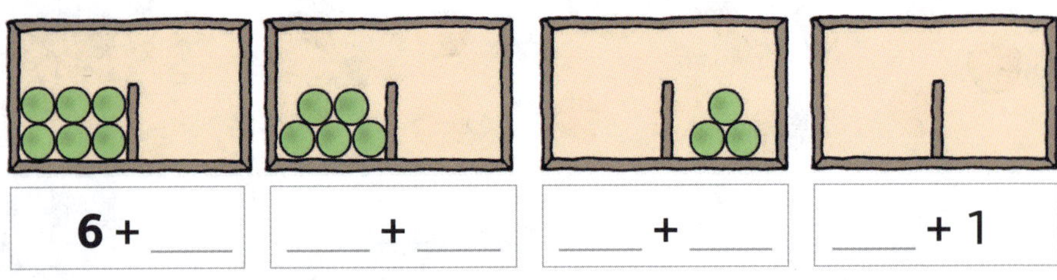

6 + ___	___ + ___	___ + ___	___ + 1

19 Fülle die Zahlenhäuser aus.

Zerlege die Hausnummer im Dach!

= 6	
5 +	1
3	3
4	
	5

5	
2 +	
4	
	3
	1

8	
6	
	1
4	
5	

7	
	6
4	
2	
	0

20 Wie viele sind es zusammen?

3 + 3 = ___ 2 + 2 = ___ ___ + ___ = ___

___ + ___ = ___ ___ + ___ = ___ ___ + ___ = ___

21 Immer 2 Würfel: Wie viele Punkte sind es zusammen?

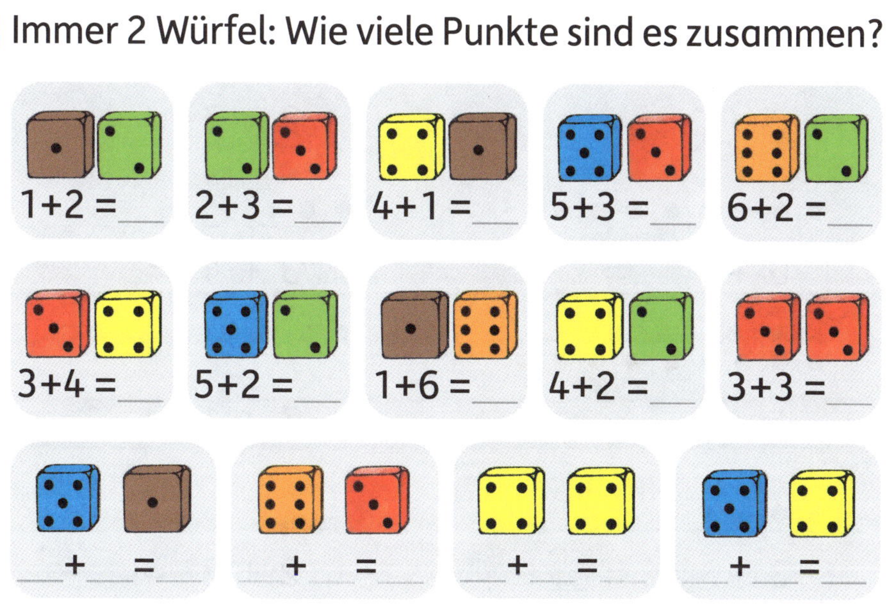

1+2 = ___ 2+3 = ___ 4+1 = ___ 5+3 = ___ 6+2 = ___

3+4 = ___ 5+2 = ___ 1+6 = ___ 4+2 = ___ 3+3 = ___

___ + ___ = ___ ___ + ___ = ___ ___ + ___ = ___ ___ + ___ = ___

22 Welche Aufgaben sind es? Schreibe und rechne.

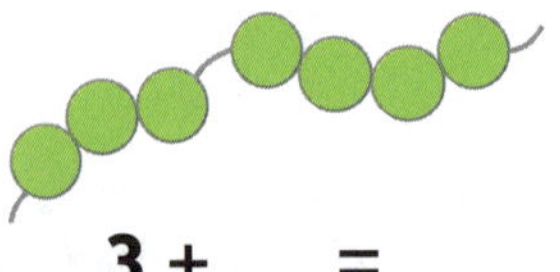

3 + ___ = ___

___ + ___ = ___

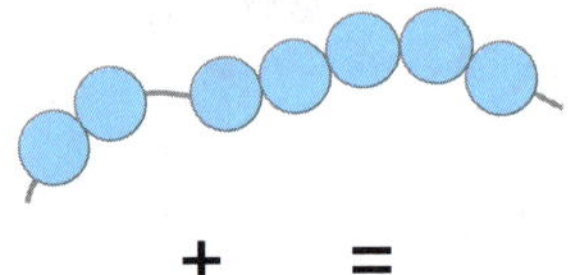

___ + ___ = ___

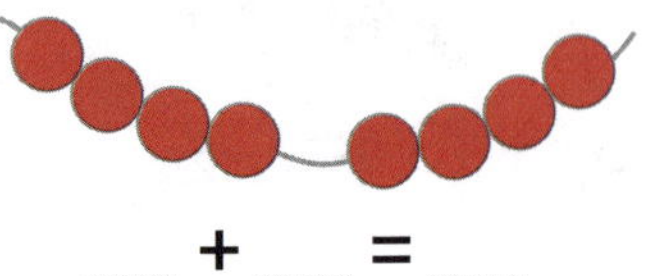

___ + ___ = ___

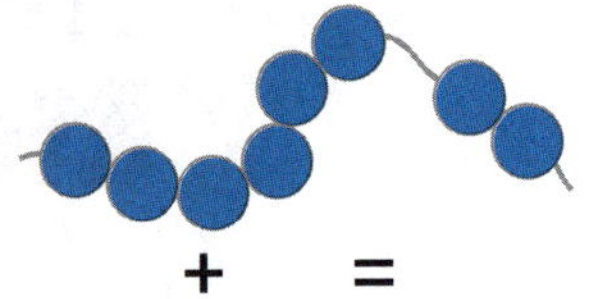

___ + ___ = ___

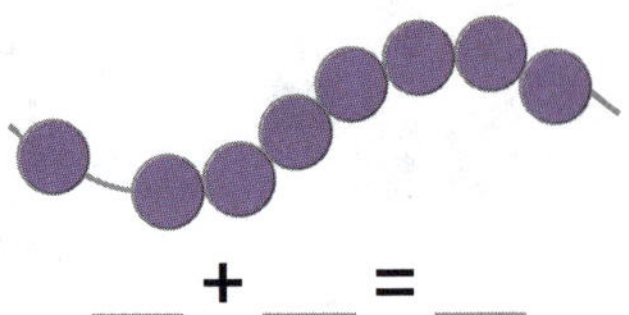

___ + ___ = ___

23 Wie viel kommt dazu? Rechne und zeichne.

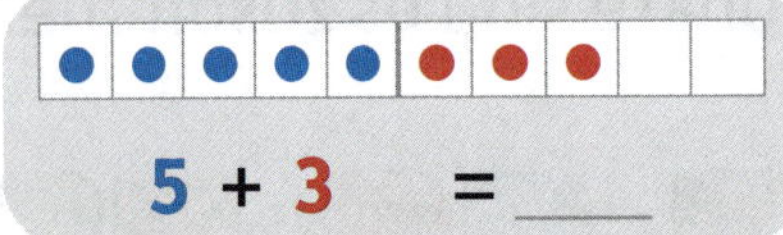

5 + 3 = ___

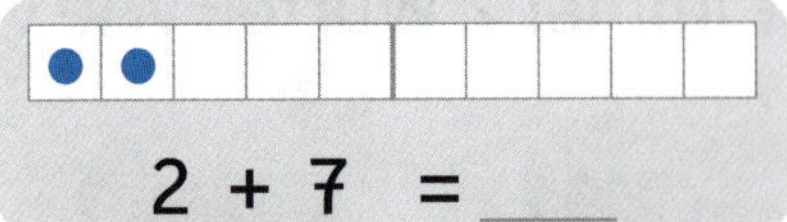

2 + 7 = ___

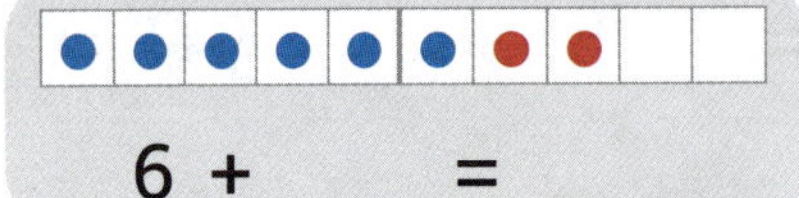

6 + ___ = ___

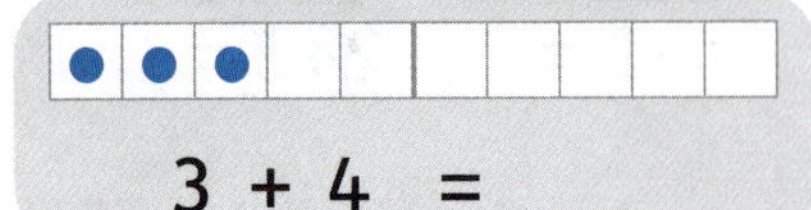

3 + 4 = ___

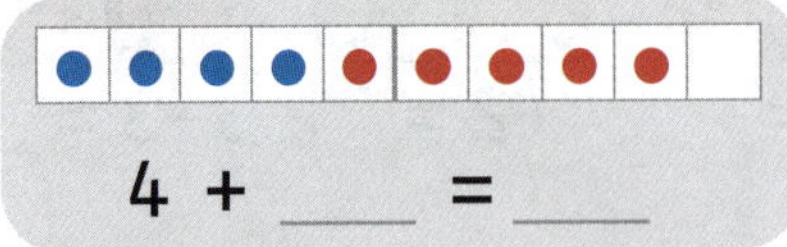

4 + ___ = ___

7 + 1 = ___

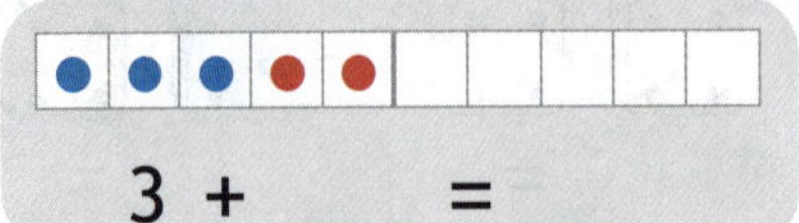

3 + ___ = ___

2 + 5 = ___

24 Verbinde: Immer zwei Rechnungen passen.

1 + 3	5	2 + 2
2 + 3	4	3 + 2
3 + 3	6	4 + 2

4 + 4	9	3 + 6
2 + 5	7	4 + 3
4 + 5	8	3 + 5

25 Tempo-Rechnen

Wie schnell bist du?
Lass einen Erwachsenen
deine Zeit stoppen!

5 + 2 = ___	2 + 3 = ___	
1 + 7 = ___	4 + 5 = ___	4 + 3 = ___
3 + 3 = ___	6 + 2 = ___	2 + 1 = ___
4 + 1 = ___	7 + 3 = ___	4 + 4 = ___
2 + 7 = ___	5 + 4 = ___	3 + 5 = ___
3 + 4 = ___	1 + 6 = ___	5 + 5 = ___
2 + 2 = ___	6 + 3 = ___	2 + 8 = ___

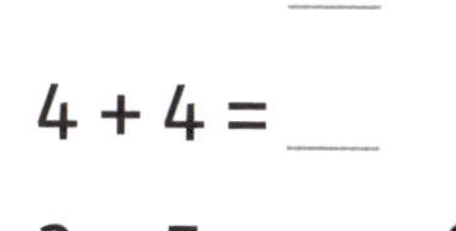

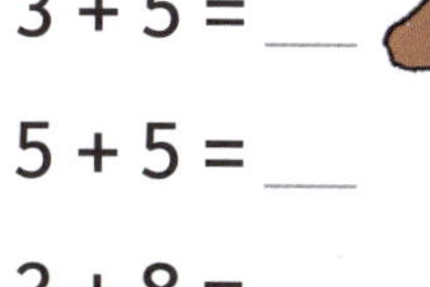

Zeit: ___ Minuten und ___ Sekunden / ___ Fehler

Tipp: Rechne gleich morgen noch einmal!
Decke dazu deine Lösungen ab! Kannst du dich verbessern?

26 Pfeilaufgaben

Der Pfeil oben zeigt, wie viel dazukommt.

+ 2

4	**6**
8	

+ 3

3	
6	

+ 4

6	
4	

27 Wohin passen die Puzzleteile?
Schreibe die passenden Zahlen dazu.

28 Wie viele Ballons sind es insgesamt?
Wie viele fliegen weg?
Wie viele bleiben übrig?

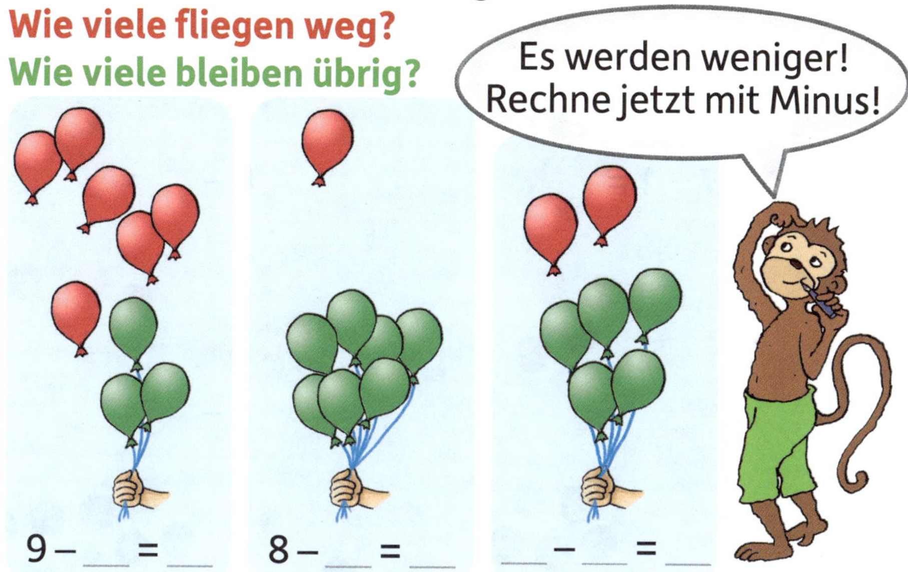

29 Auch hier mit Minus:
Wie viel Eis war da? Wie viel wurde gegessen?
Wie viel ist jetzt noch da?

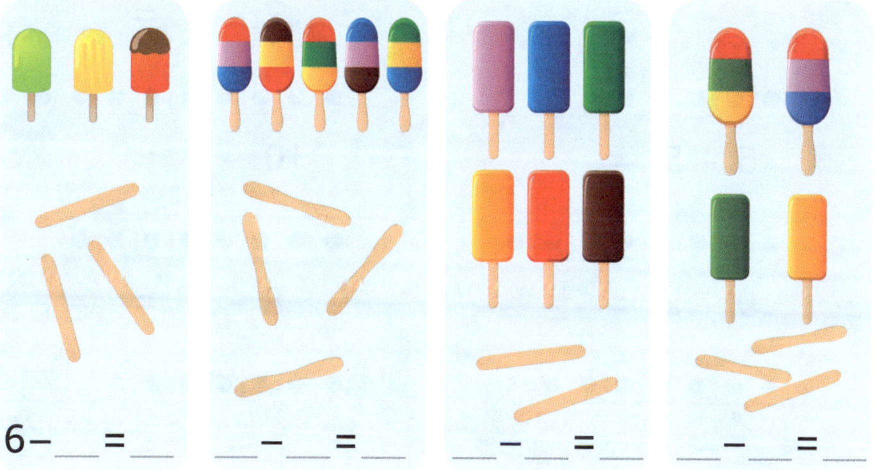

30 Welche Aufgaben sind es? Schreibe und rechne.

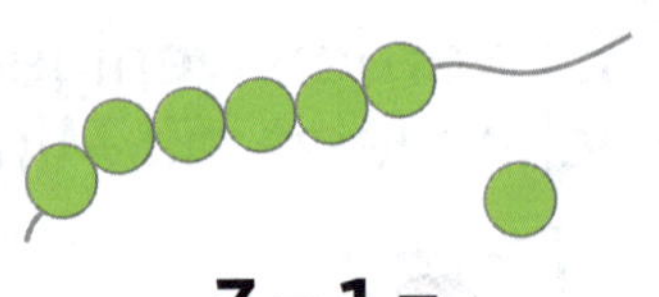

7 – 1 = ___

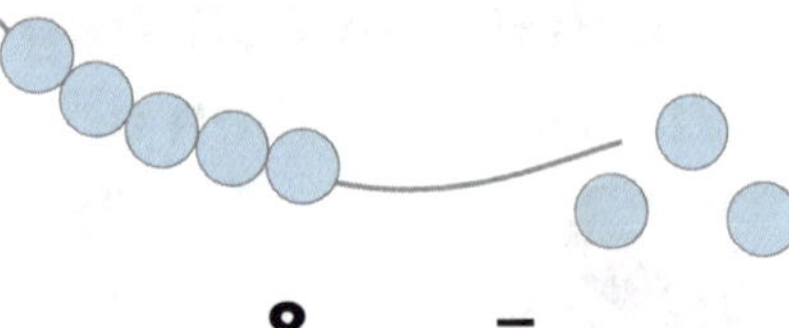

8 – ___ = ___

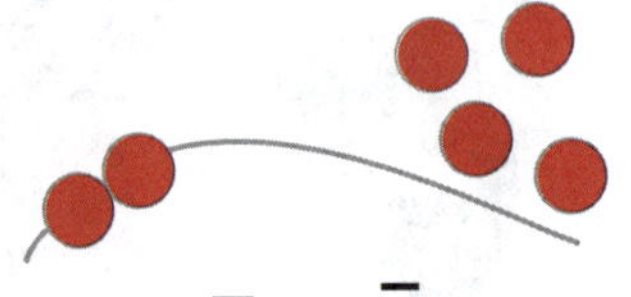

___ – ___ = ___

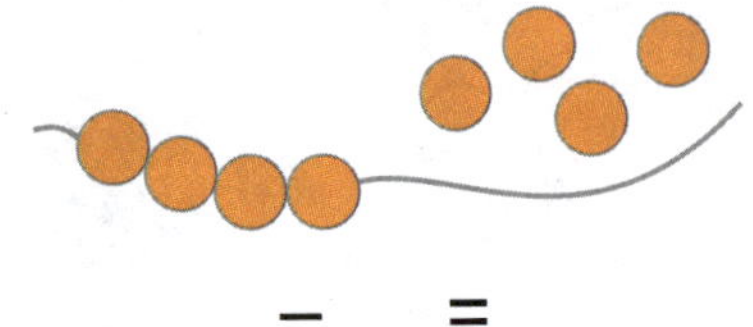

___ – ___ = ___

___ – ___ = ___

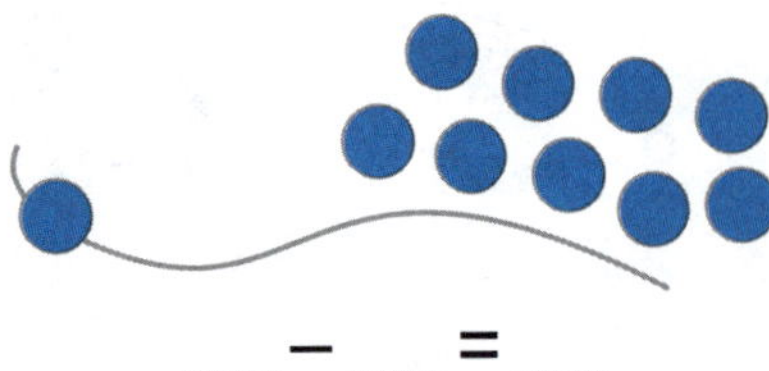

___ – ___ = ___

31 Wie viel muss weg? Streiche durch und rechne.

5 – 2 = ___

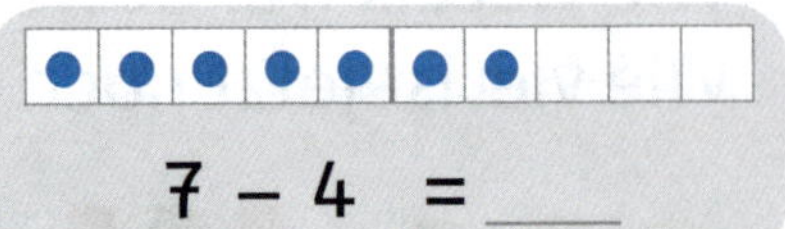

7 – 4 = ___

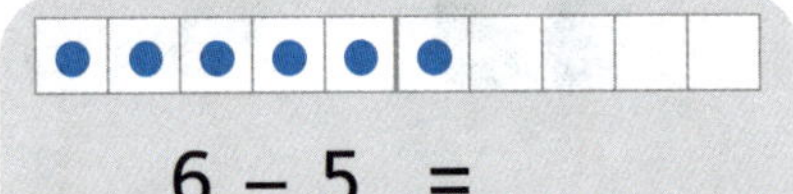

6 – 5 = ___

10 – 3 = ___

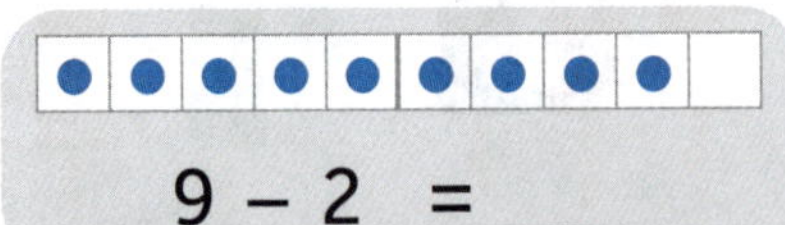

9 – 2 = ___

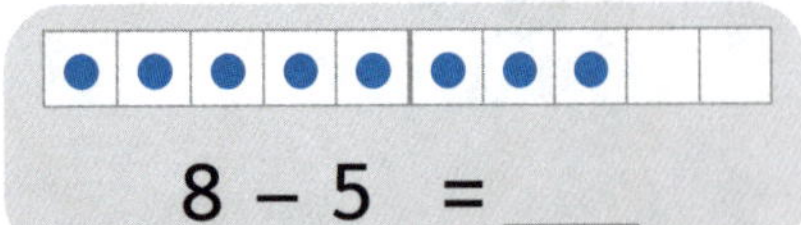

8 – 5 = ___

___ – ___ = ___

___ – ___ = ___

32 Tempo-Rechnen

Wie schnell bist du bei Minusaufgaben? Stoppe wieder die Zeit!

5 − 2 = ___	9 − 3 = ___	
7 − 5 = ___	4 − 1 = ___	
4 − 2 = ___	5 − 3 = ___	7 − 3 = ___
9 − 4 = ___	3 − 2 = ___	10 − 8 = ___
10 − 5 = ___	9 − 7 = ___	2 − 2 = ___
6 − 3 = ___	5 − 4 = ___	8 − 4 = ___
8 − 3 = ___	10 − 6 = ___	9 − 6 = ___

Zeit: ___ Minuten und ___ Sekunden / ___ Fehler

Tipp: Rechne gleich morgen noch einmal!
Decke dazu deine Lösungen ab! Kannst du dich verbessern?

33 Pfeilaufgaben

Der Pfeil oben zeigt, wie viel weg muss.

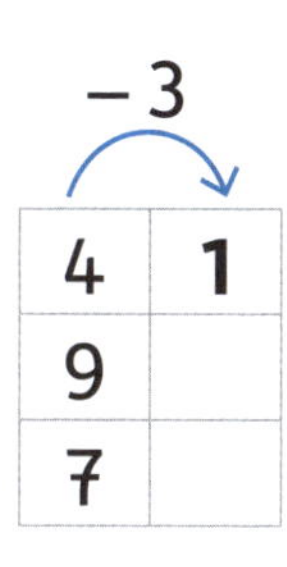

− 3	
4	**1**
9	
7	

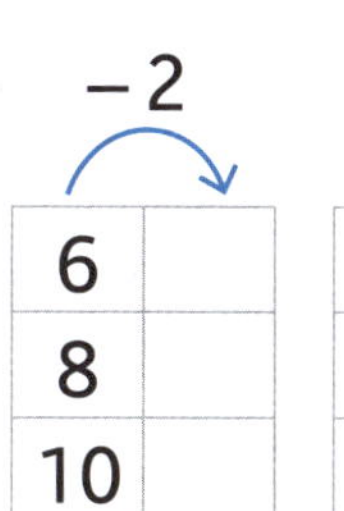

− 2	
6	
8	
10	

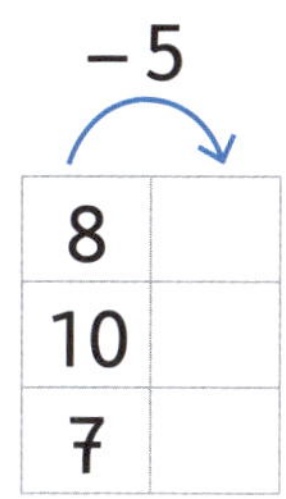

− 5	
8	
10	
7	

34 Zeichne das Muster selbst genauso weiter.

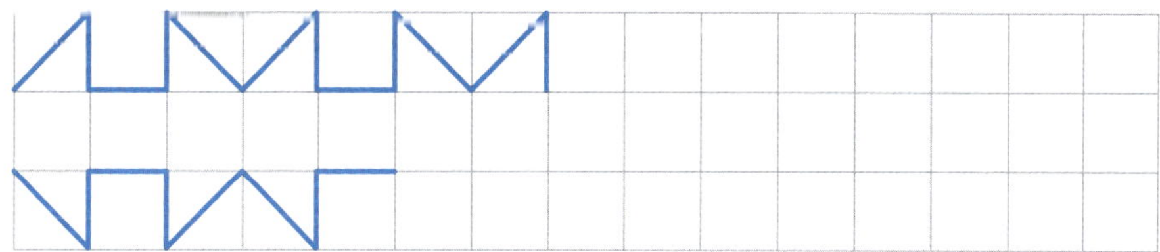

35 Rechengeschichten: Rechne passend zum Bild.

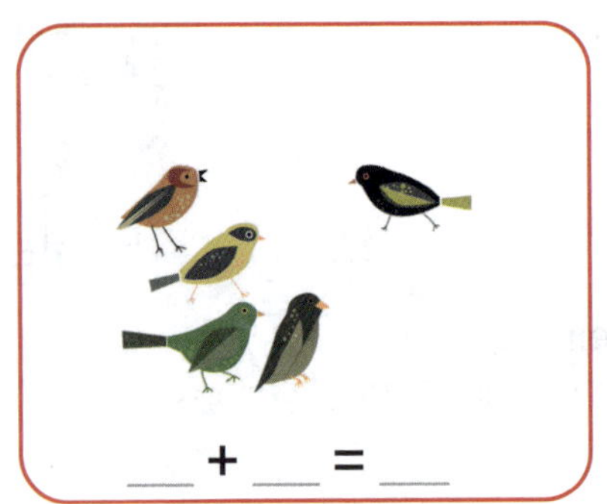

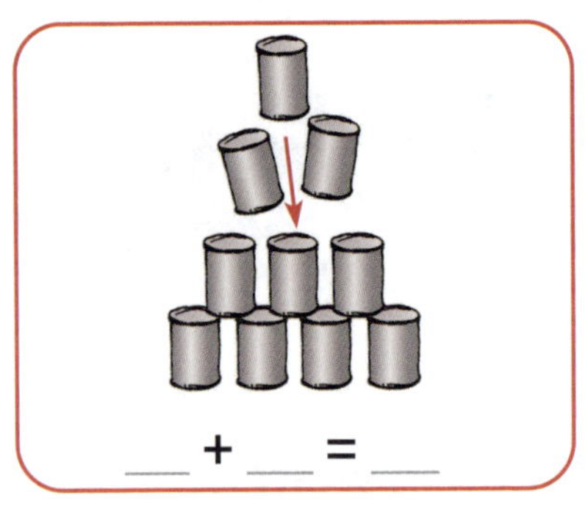

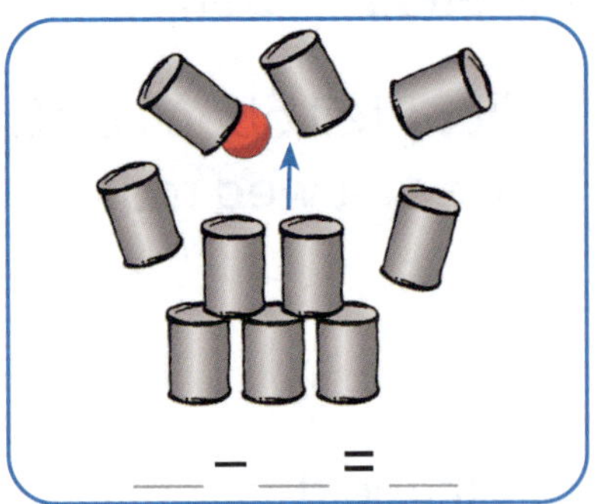

36 Rechentabellen

Rechne so: 1 + 5 = **6** und
9 − 4 = **5**
Rechne so mit allen Zahlen!

+	5	2	4
1	**6**		
5			
3			

−	4	6	2
9	**5**		
10			
7			

37 Rechenpuzzle: Finde das Lösungsbild.
Auf Seite 75 oben findest du die Puzzleteile dazu.

Tipp: Schneide die Puzzleteile zuerst alle aus.
Rechne jede Aufgabe und lege das richtige Ergebnis darauf.
Wenn das Bild stimmt, klebe es auf.

Wenn du das schaffst, ist das echt …

3 + 6 = ___	9 − 2 = ___	2 + 4 = ___	7 − 3 = ___	7 + 3 = ___
2 + 3 = ___	8 − 6 = ___	6 − 3 = ___	5 + 3 = ___	10 − 9 = ___

38 Am Rechenrad rechnest du immer von der Zahl in der Mitte nach außen.

39 Tauschaufgaben: Beim Rechnen mit + darfst du die Zahlen vertauschen. Das Ergebnis ist gleich.

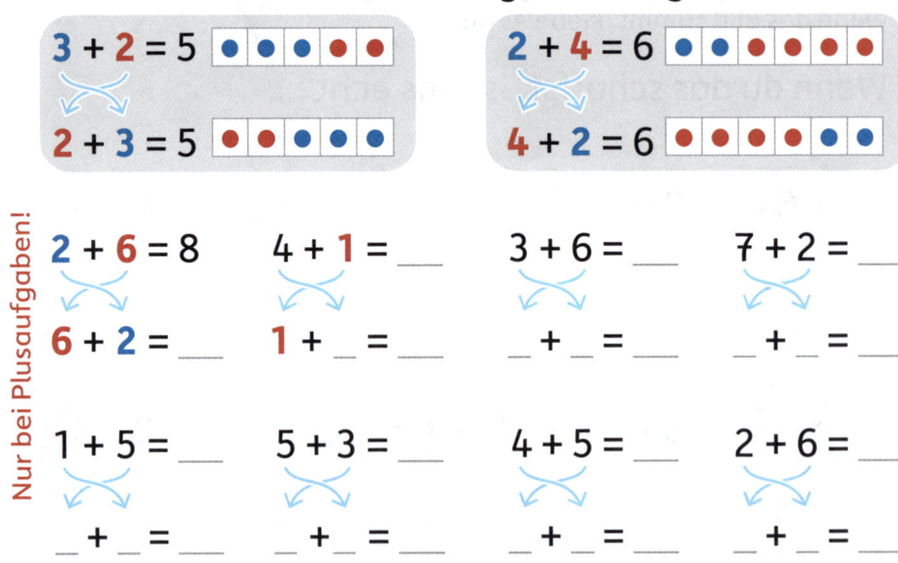

40 Was gehört zusammen?

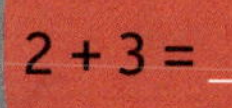

Male die Tauschaufgabe mit der gleichen Farbe an!

2 + 3 = ___

5 + 1 = ___

3 + 6 = ___

4 + 2 = ___

3 + 7 = ___

5 + 4 = ___

4 + 5 = ___

7 + 3 = ___

2 + 4 = ___

1 + 5 = ___

6 + 3 = ___

3 + 2 = ___

41 Bei Aufgaben mit – kannst du die Zahlen vor und nach dem = vertauschen.

5 – 2 = 3	6 – 1 = 5
5 – 3 = 2	6 – 5 = 1

8 – 3 = 5	7 – 5 = ___	9 – 6 = ___	10 – 3 = ___
8 – 5 = ___	7 – ___ = ___	9 – ___ = ___	10 – ___ = ___
7 – 4 = ___	9 – 2 = ___	10 – 4 = ___	8 – 6 = ___
7 – ___ = ___	9 – ___ = ___	___ – ___ = ___	___ – ___ = ___

Nur bei Minusaufgaben!

42 Verdopple: Male noch einmal so viele Punkte.
Schreibe auch die passende Plus-Rechnung.

43 Halbiere: Male immer nur die halbe Pizza an.
Schreibe Minus-Rechnungen dazu.

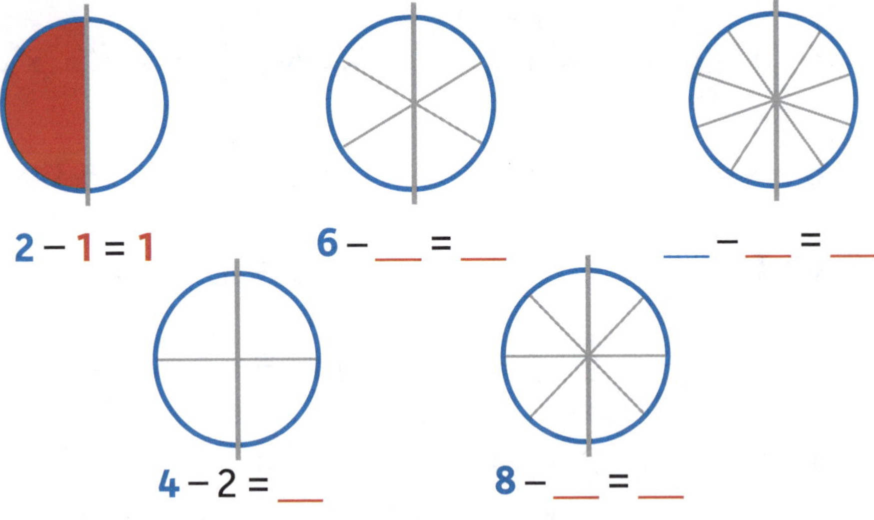

44 Umkehraufgaben

Dreh alles um!
Aus + wird – !
Rechne mit der Ergebniszahl zurück in die andere Richtung!

5 + 3 = 8   2 + 5 = 7

8 – 3 = 5   7 – 5 = ___

4 + 2 = ___   9 + 1 = ___   6 + 3 = ___

___ – ___ = ___   ___ – ___ = ___   ___ – ___ = ___

1 + 5 = ___   7 + 2 = ___   3 + 4 = ___

___ – ___ = ___   ___ – ___ = ___   ___ – ___ = ___

45 Drei Zahlen für vier Rechnungen:
Finde Tauschaufgaben und Umkehraufgaben.

2   4  6   5  4     6 

2 + 4 = 6   5 + 4 = ___   ___ + ___ = 9

4 + 2 = ___   4 + ___ = ___   ___ + ___ = ___

6 – ___ = ___   ___ – ___ = ___   ___ – ___ = ___

6 – ___ = ___   ___ – ___ = ___   ___ – ___ = ___

46 Rechenmauern

47 Vergleiche mit (<), (>) und (=).

Tipp: Rechne zuerst beide Seiten einzeln aus.

2 + 4 (>) 6 − 1	6 + 3 ◯ 4 + 5	8 − 3 ◯ 3 + 3
5 − 2 ◯ 2 + 2	3 + 2 ◯ 7 − 3	5 + 2 ◯ 9 − 2

48 Gemischte Kettenaufgaben mit + und −

2 → +3 → **5** → −1 → ◯ → +4 → ◯ → +2 → ◯

49 Rechenrätsel: Finde die Buchstaben heraus.

4 + 3 =	7	N
5 + 1 =		
2 + 7 =		
8 − 1 =		

7 − 6 =		
7 − 5 =		
8 − 5 =		
6 + 3 =		
10 − 4 =		

Zeichne Coco die Lösung in die Hand.

Lösungsschlüssel:

1	B	2	L
3	A	4	O
5	F	6	E
7	N	8	S
9	U	10	T

1 + 1 =		
4 + 5 =		
10 − 5 =		
6 + 4 =		
10 − 9 =		
5 − 2 =		
6 − 4 =		
7 − 3 − 2 =		
8 − 6 + 2 =		
6 + 3 − 2 =		
2 + 4 + 2 =		

COCO

Test 2: Rechnen bis 10

Punkte:

1 Zerlege **immer 10**. Zeichne und rechne.

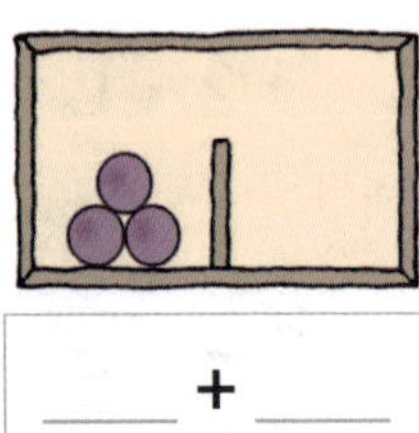 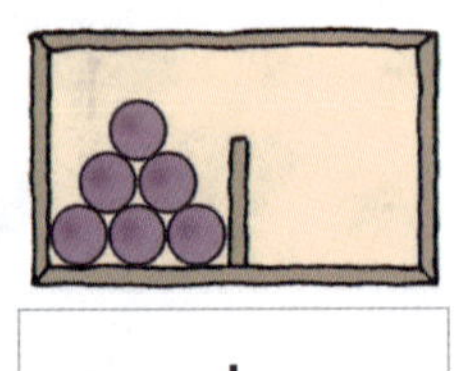 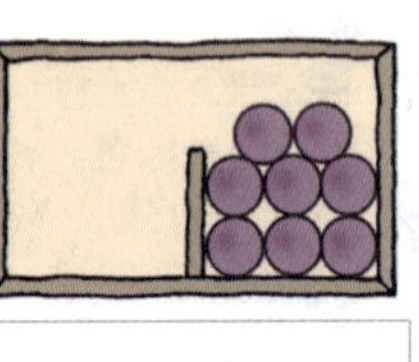

___ + ___   ___ + ___    ___ + ___

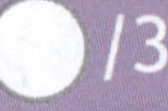 /3

/3

2 Finde die passende Rechnung.

___ + ___ = ___   ___ − ___ = ___   ___ + ___ = ___

/3

3 Zeichne dazu oder streiche weg.
Rechne mit **+** oder **−**.

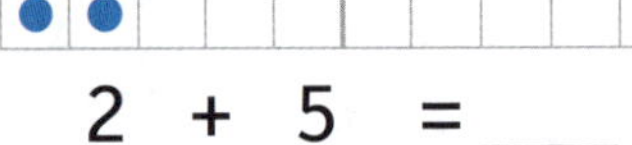

2 + 5 = ___

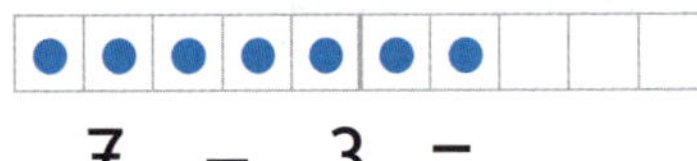

7 − 3 = ___

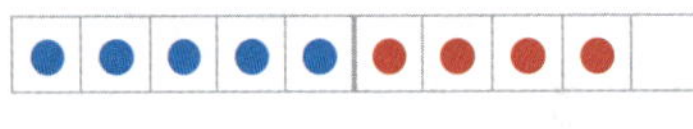
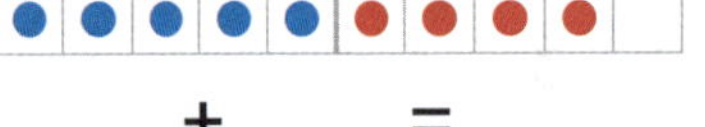

___ + ___ = ___

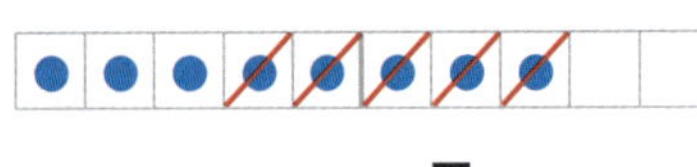

___ − ___ = ___

/4

4 Vergleiche: Ist es < oder > oder = ?

6 ◯ 9   2+3 ◯ 4   9−4 ◯ 4+1   3+4 ◯ 8−2

/4

5 Löse die Pfeilaufgaben mit + und –.

+ 3		+ 4		– 6		– __	
4	7	5		8		7	2
6		2		10		9	4

Punkte: /6

6 Halbieren: Finde die fehlenden Zahlen.

Zahl	4	10	8		
die Hälfte	**2**			3	1

/4

7 Umkehraufgaben

2 + 6 = __ 7 – 5 = __ 4 + 3 = __

__ – __ = __ __ + __ = __ __ – __ = __

/3

8 Kettenrechnung: Schritt für Schritt

/4

34-29 Punkte: Gut gemacht! Du bist spitze!
28-19 Punkte: Schau genau, was dir noch unklar ist!
weniger als 19: Du solltest weiter üben!

Gesamt: /34

50 Zum Knobeln: Findest du alle Zahlen heraus?

Jedes Tier steht für eine andere Ziffer von 1 bis 9.
Achte auf das Rechenzeichen: + oder – .

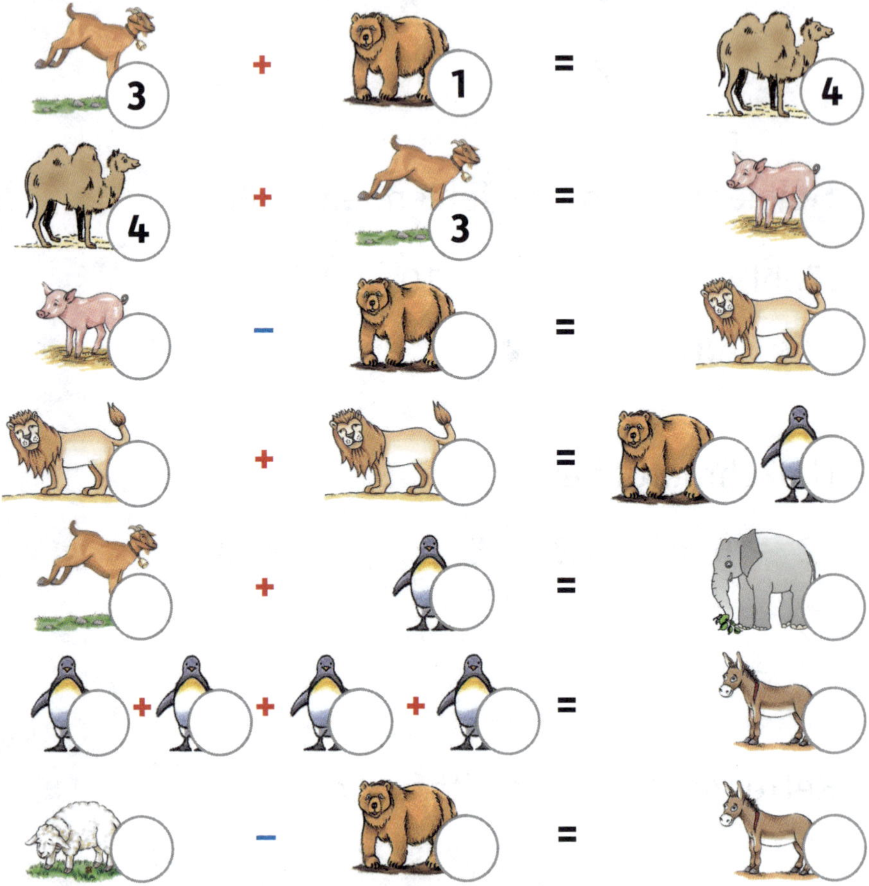

3 + 1 = 4

4 + 3 =

– =

+ =

+ =

+ + + =

– =

▶ Trage die Ziffer von jedem Tier hier ein.

Zahlen bis 20

51 Kreise immer 10 ein. Zähle die übrigen Einer.
Schreibe die Zahl auf.

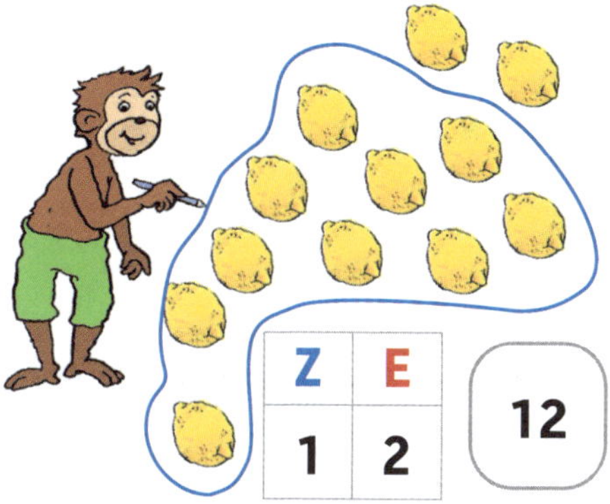

Z	E
1	2

12

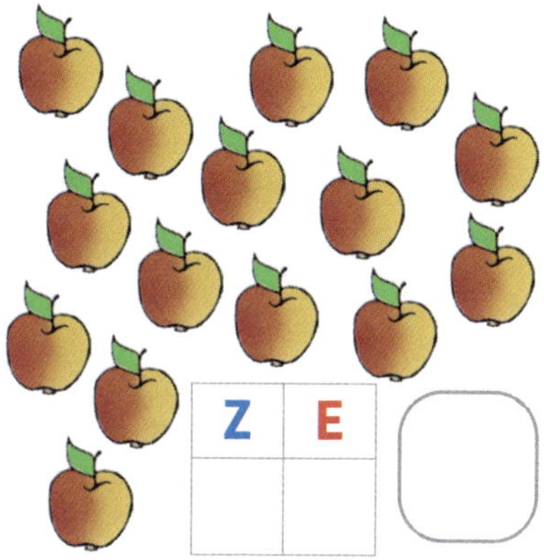

Z	E

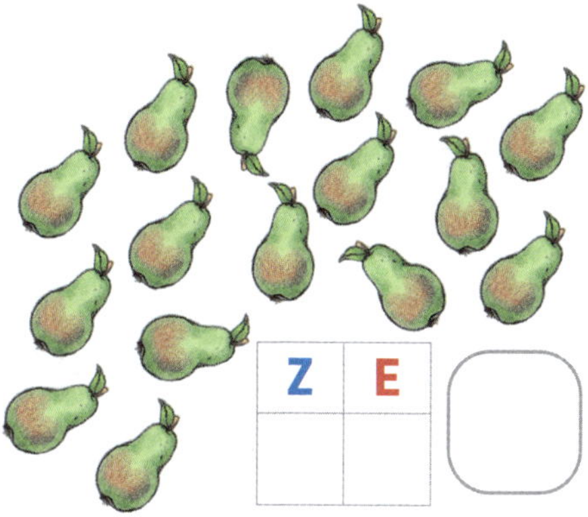

Z	E

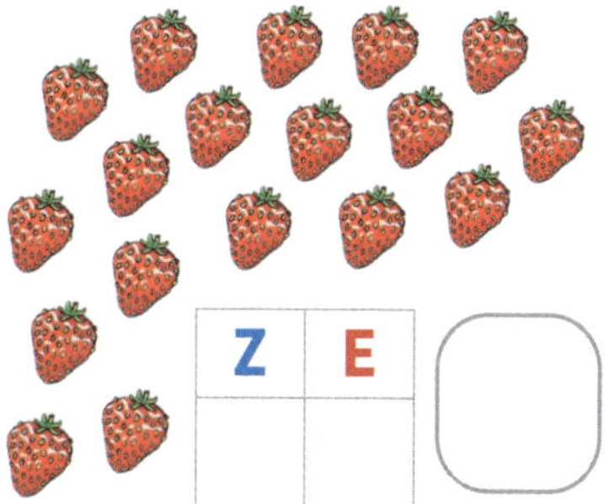

Z	E

52 Eine Schachtel enthält 10 Stifte. Gib **Z** und **E** an.

Z	E

Z	E

Z	E

Z	E

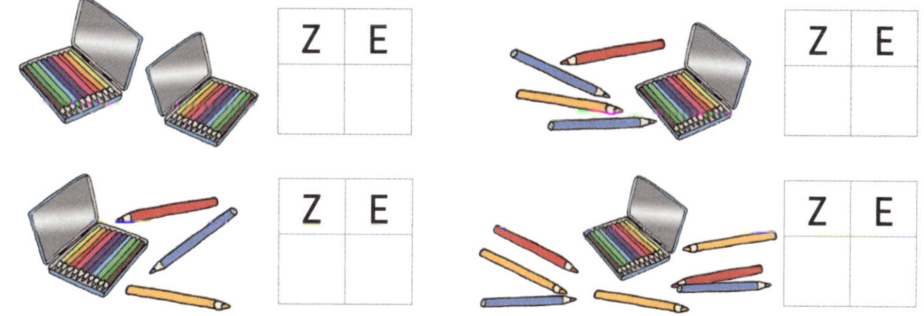

53 Wie heißen die Zahlen?

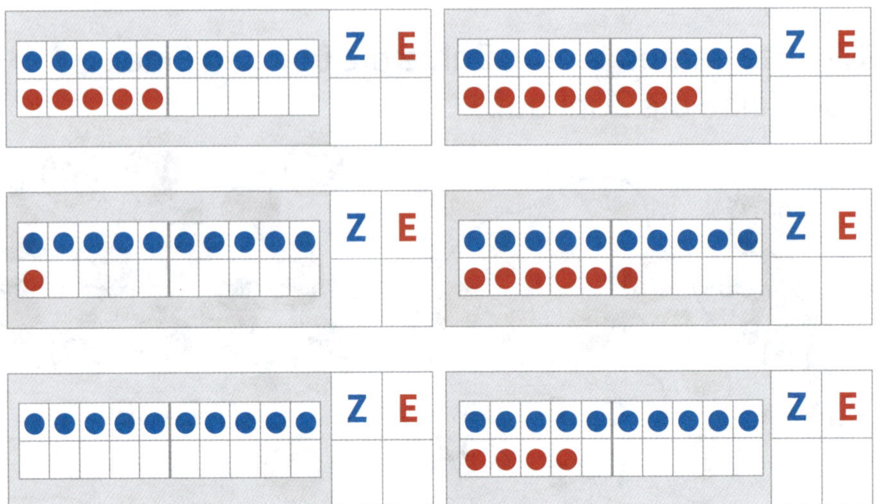

54 Verbinde die Punkte von 1 bis 20.

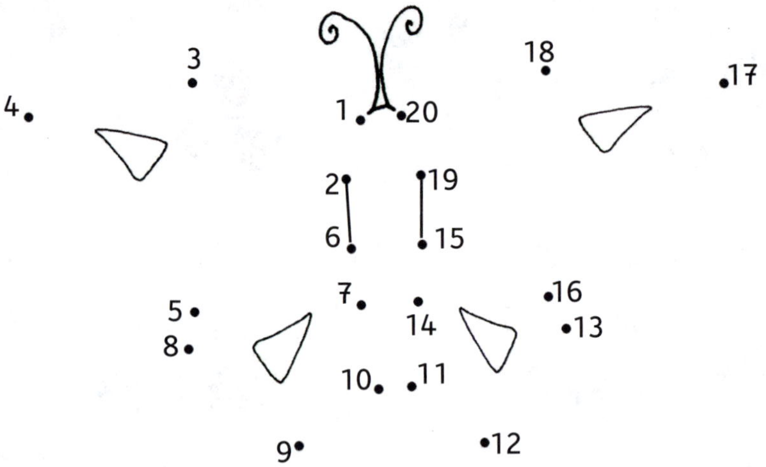

55 Am Zahlenstrahl bis 20: Welche Zahlen sind es?

▶ Schreibe die Zahlen in die Luftballons und ...

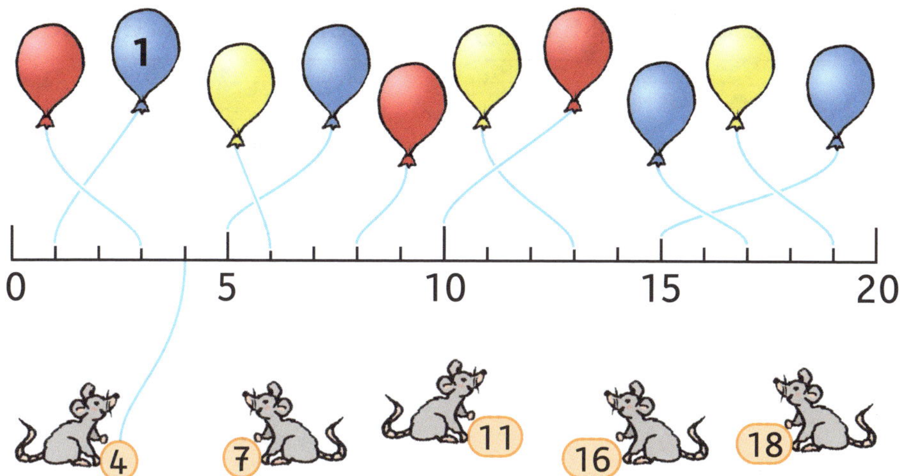

▶ ... verbinde jede Maus mit der richtigen Stelle.

56 Vergleiche.

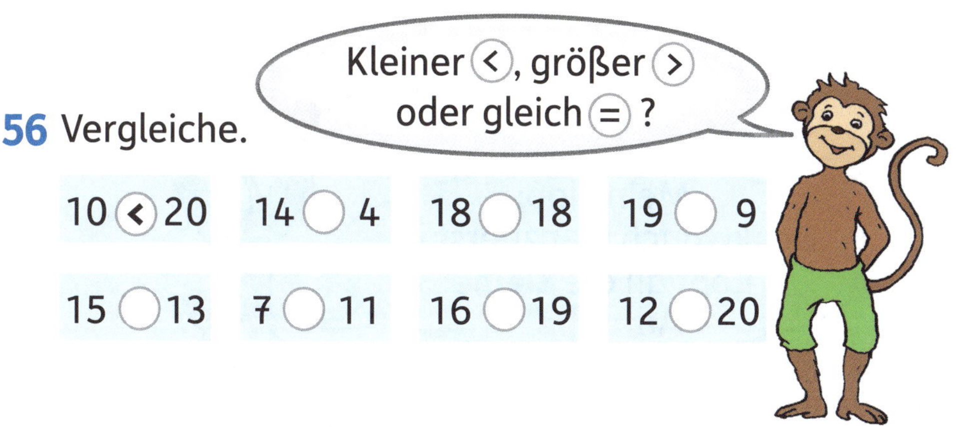

10 (<) 20	14 ◯ 4	18 ◯ 18	19 ◯ 9
15 ◯ 13	7 ◯ 11	16 ◯ 19	12 ◯ 20

57 Zahlensprünge: Wie geht die Zahlenreihe weiter?

Immer 2 weiter: 2 4 6 ___ ___ ___ ___ ___ ___ 20

Immer 4 weiter: 4 ___ 12 ___ ___ ___ ___

Rechnen bis 20

58 Kleine und große Aufgaben: Zeichne und rechne.

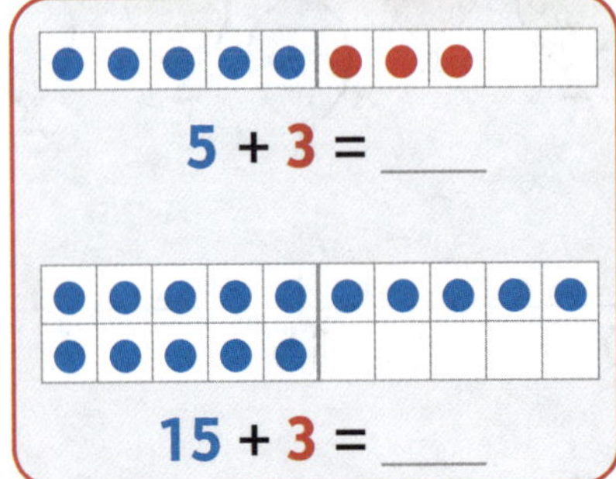

3 + 6 = ____

13 + 6 = ____

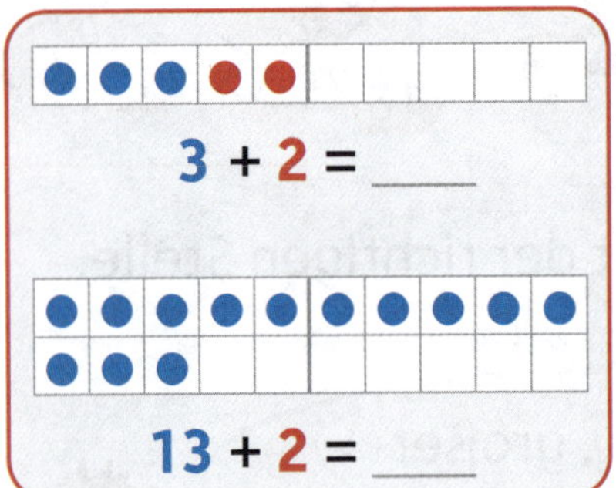

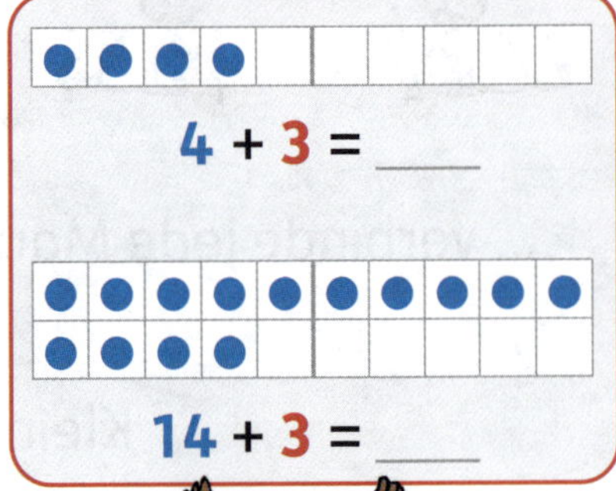

Mein Tipp:
Denke auch hier zuerst im Kopf an die **kleine Aufgabe**!

59 Rechne im 2. Zehner.

13 + 3 = ____	14 + 3 = ____	15 + 4 = ____
11 + 7 = ____	16 + 3 = ____	17 + 3 = ____
18 + 1 = ____	12 + 2 = ____	18 + 2 = ____

60 Jetzt mit Minus: Streiche weg und rechne aus.

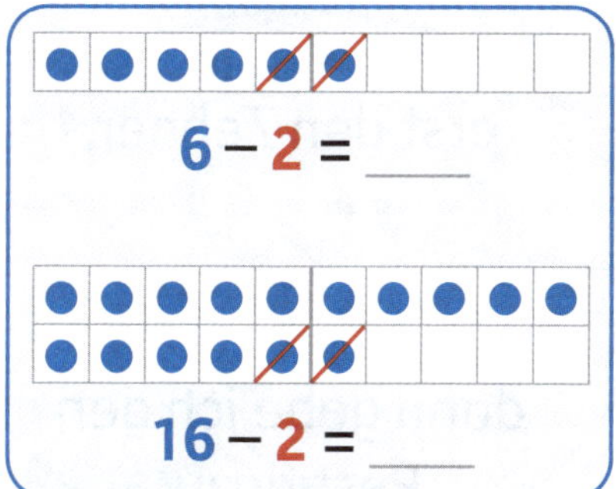

6 − 2 = ____

16 − 2 = ____

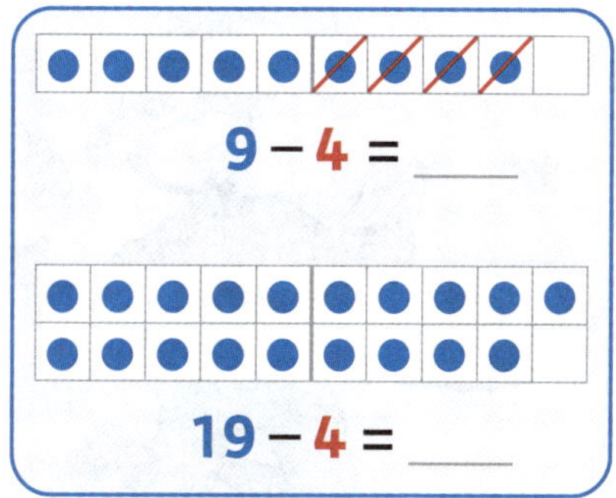

9 − 4 = ____

19 − 4 = ____

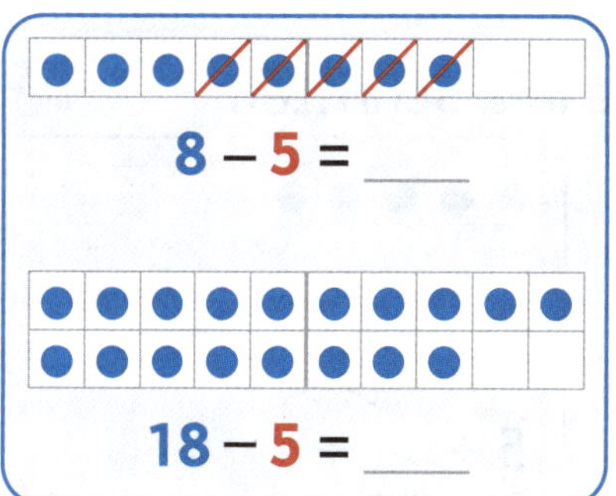

8 − 5 = ____

18 − 5 = ____

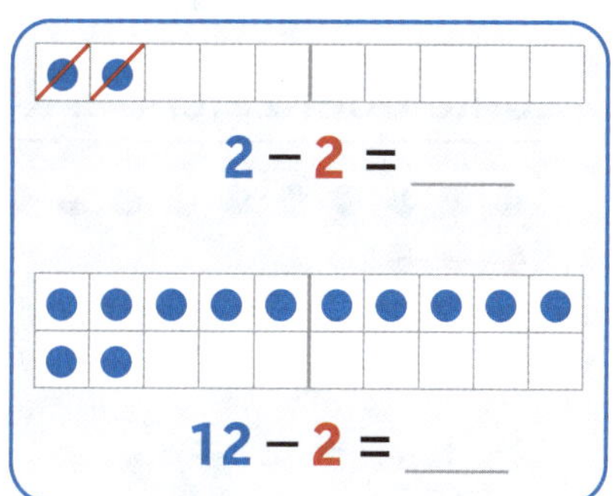

2 − 2 = ____

12 − 2 = ____

61 Im 2. Zehner: Auch hier hilft die **kleine** **Aufgabe**.

18 − 2 = ____	14 − 3 = ____	13 − 3 = ____
15 − 2 = ____	16 − 5 = ____	17 − 2 = ____
19 − 5 = ____	13 − 1 = ____	15 − 3 = ____

62 Ergänzen: Wie viel fehlt genau **bis 10**?

5 + ___ = 10	8 + ___ = 10	2 + ___ = 10
1 + ___ = 10	4 + ___ = 10	6 + ___ = 10
7 + ___ = 10	3 + ___ = 10	

63 Zehnerübergang mit +: Erst zur 10, dann weiter.

Zähle oder zeichne. Rechne in 2 Schritten.

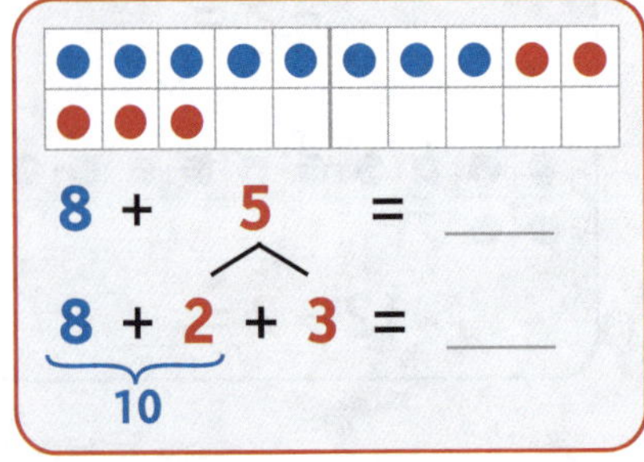

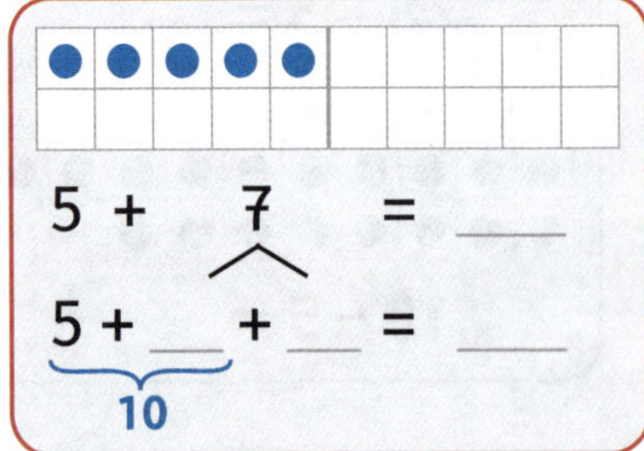

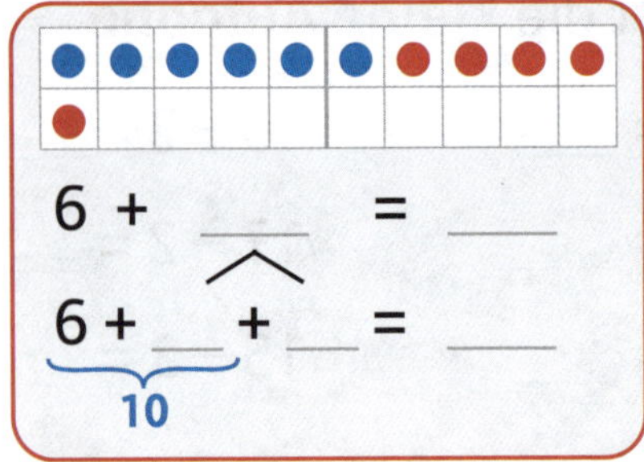

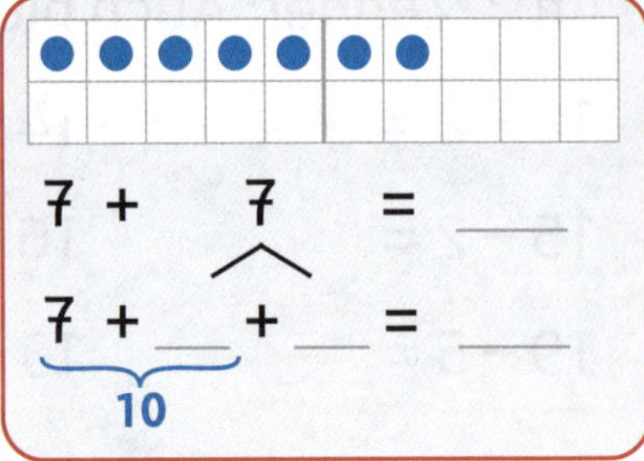

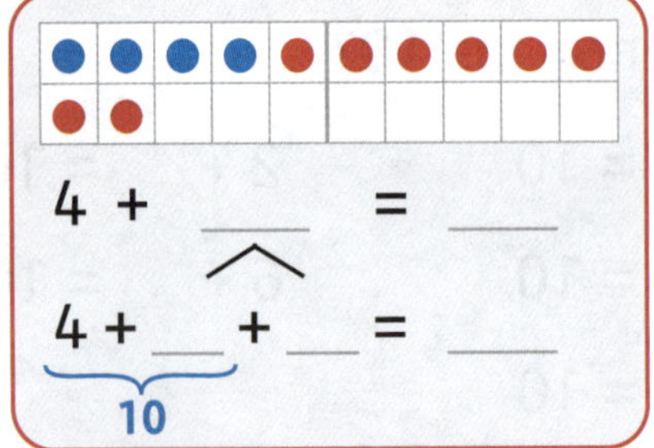

9 + 6 = ___

9 + ___ + ___ = ___

10

64 Zerlege passend bis zur 10 und rechne dann.

5 + 9 = ___
5 + 5 + 4 = ___
(10)

8 + 3 = ___
8 + 2 + 1 = ___
(10)

9 + 7 = ___
9 + ___ + ___ = ___
(10)

6 + 8 = ___
___ + ___ + ___ = ___
(10)

4 + 7 = ___
___ + ___ + ___ = ___

7 + 6 = ___
___ + ___ + ___ = ___

8 + 7 = ___
___ + ___ + ___ = ___

6 + 9 = ___
___ + ___ + ___ = ___

65 Rechenräder

Rechne + von innen nach außen!

Rad 1: Mitte 4; innen: 4, 5, 6, 12, 7, 8, 10, 9; außen: 8

Rad 2: Mitte 8; innen: 8, 5, 6, 9, 7, 4, 2, 3; außen: 16

66 Rechenmauern

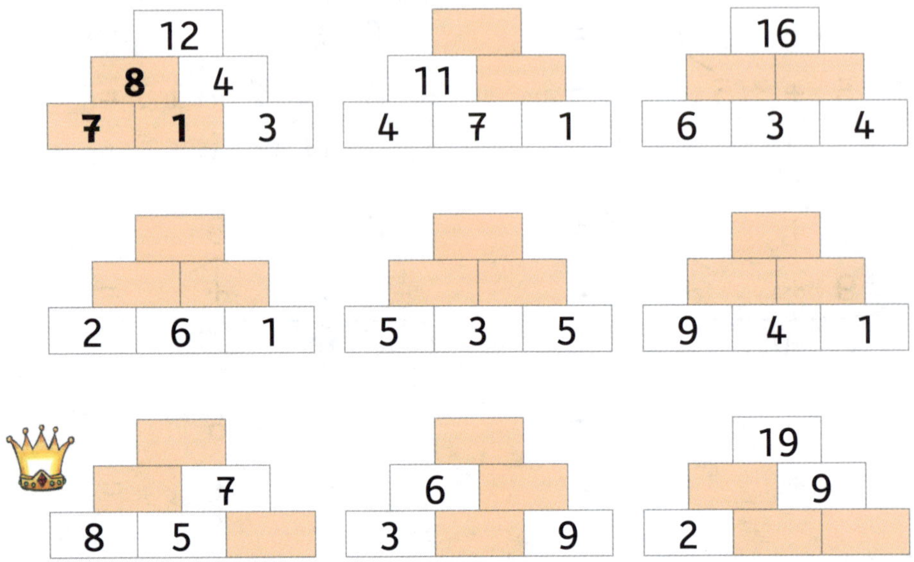

67 Von der 10 abziehen: Löse den Zehner auf.

Beispiel:

10 – 3 = 7 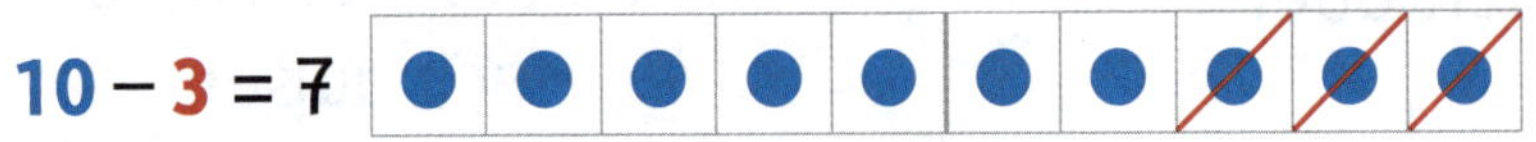

10 – 5 = **5**

10 – 2 = ____

10 – 9 = ____

10 – 8 = ____

10 – 7 = ____

10 – 6 = ____

10 – 4 = ____

10 – 3 = ____

10 – ____ = 9

10 – ____ = 2

10 – ____ = 0

10 – ____ = 1

68 Zehnerübergang mit – :
Wieder erst zur 10, dann weiter.

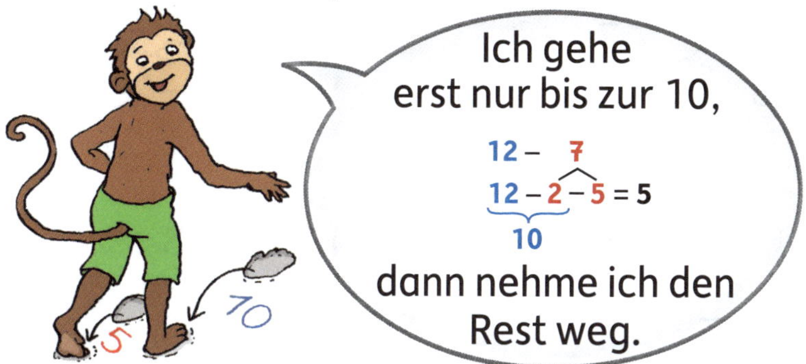

Streiche weg und rechne in 2 Schritten.

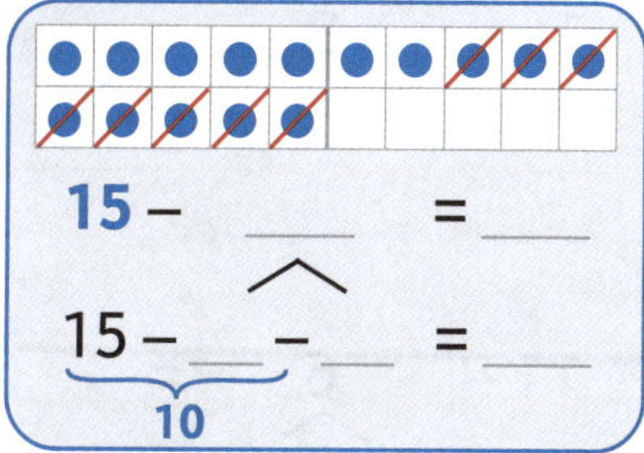

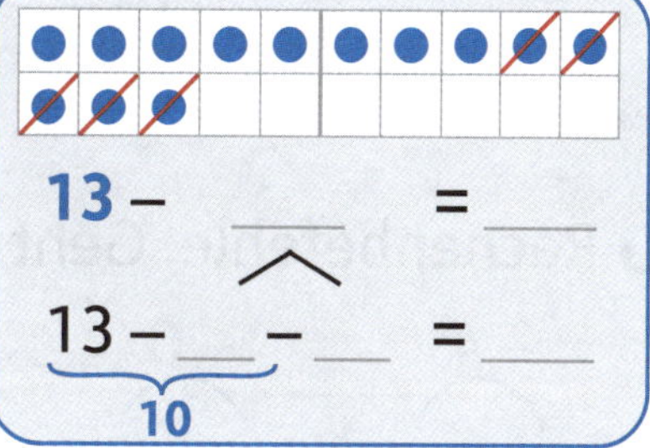

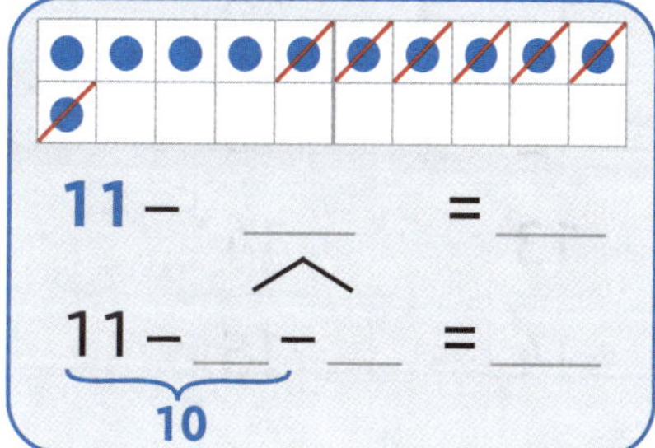

69 Zerlege passend bis zur 10 und rechne dann.

13 – 9 = ___
13 – 3 – 6 = ___
(10)

15 – 7 = ___
15 – 5 – ___ = ___
(10)

12 – 6 = ___
12 – ___ – ___ = ___
(10)

17 – 8 = ___
___ – ___ – ___ = ___
(10)

14 – 8 = ___
___ – ___ – ___ = ___

13 – 5 = ___
___ – ___ – ___ = ___

11 – 6 = ___
___ – ___ – ___ = ___

15 – 9 = ___
___ – ___ – ___ = ___

70 Rechenbefehle: Geht es schon in einem Schritt?

– 4	
11	7
12	
13	
14	

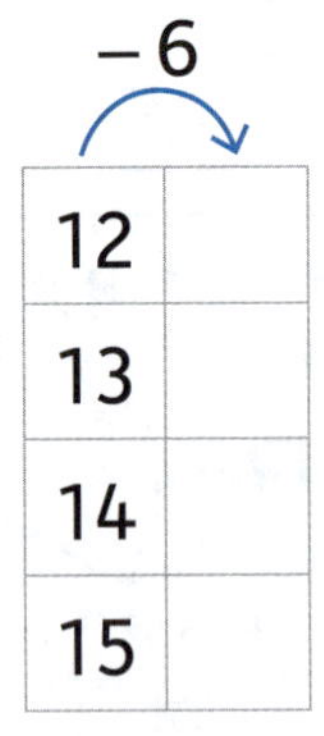

– 6	
12	
13	
14	
15	

– 8	
16	
14	
12	
11	

– 7	
15	
12	
13	
14	

– 9	
11	
14	
18	
17	

Mathe trainieren

1. Klasse

Lösungen

Dieser Lösungsteil ist herausnehmbar!
Klammern in der Mitte des Heftes öffnen!

Lösungen

1

2

3

3

4

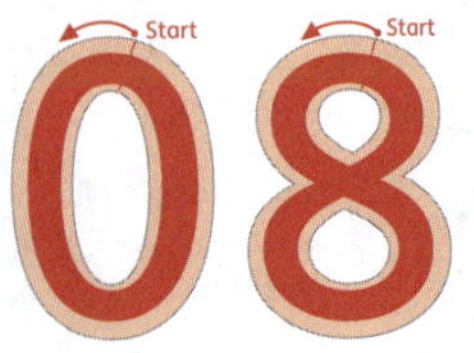

5

6

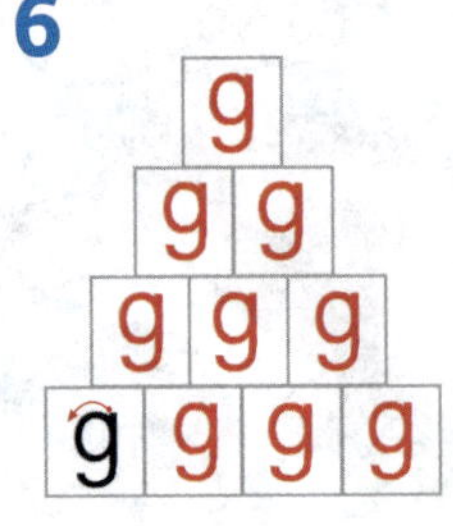

7

	IIII I	6
	IIII	4
	I	1
	IIII	5
	II	2
	IIII II	7
	IIII III	8
	III	3

8

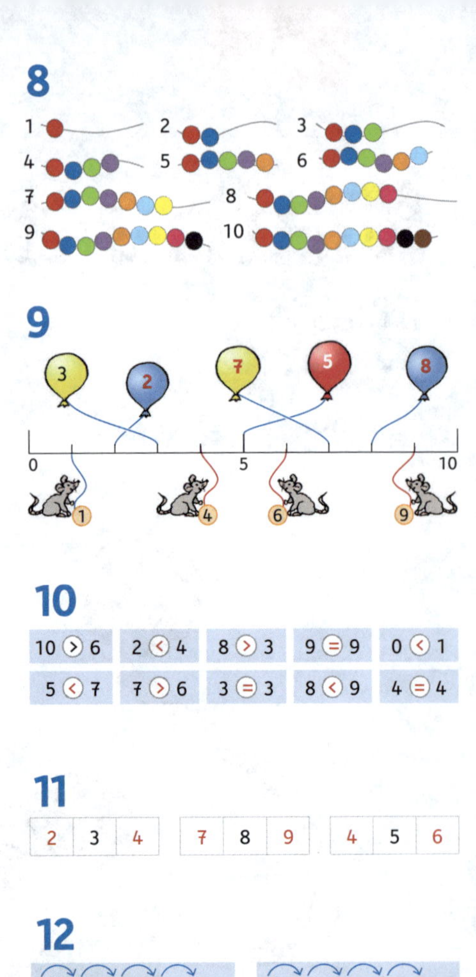

9

10

10 > 6	2 < 4	8 > 3	9 = 9	0 < 1
5 < 7	7 > 6	3 = 3	8 < 9	4 = 4

11

2	3	4

7	8	9

4	5	6

12

2 4 6 8 10

1 3 5 7 9

13

14

l r r l r l

15

16

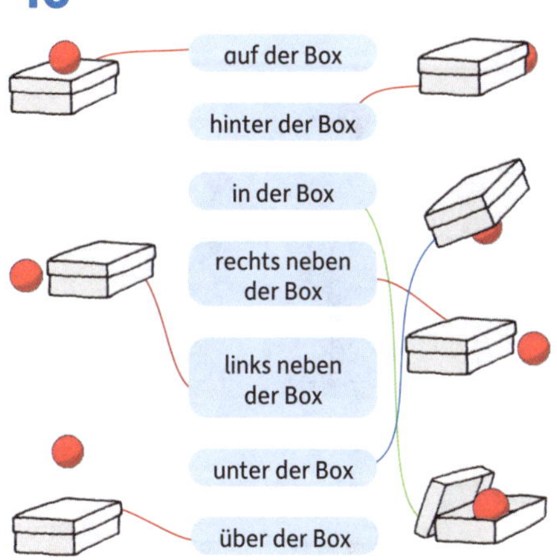

17

Die Lösungen zu den Tests stehen am Ende des Lösungsteils.

18

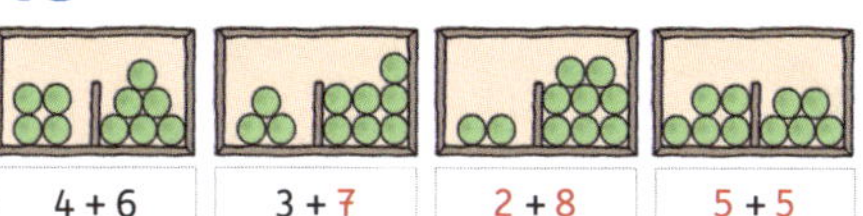

4 + 6	3 + 7	2 + 8	5 + 5

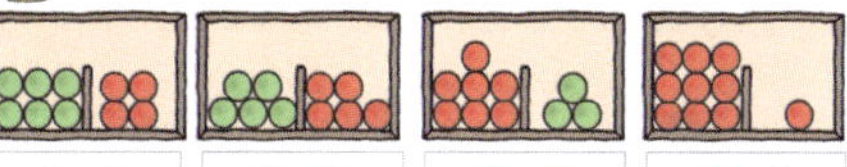

6 + 4	5 + 5	7 + 3	9 + 1

19

= 6	
5 +	1
3	3
4	2
1	5

5	
2 +	3
4	1
2	3
4	1

8	
6	2
7	1
4	4
5	3

7	
1	6
4	3
2	5
7	0

20

3 + 3 = 6

2 + 2 = 4

5 + 4 = 9

4 + 3 = 7

2 + 5 = 7

3 + 6 = 9

21

1+2 = 3

2+3 = 5

4+1 = 5

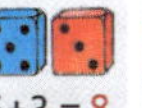

5+3 = 8

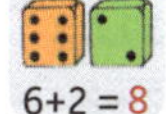

6+2 = 8

3+4 = 7

5+2 = 7

1+6 = 7

4+2 = 6

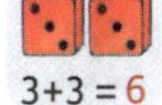

3+3 = 6

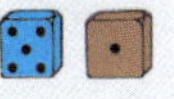

5 + 1 = 6

6 + 3 = 9

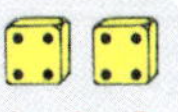

4 + 4 = 8

5 + 4 = 9

22

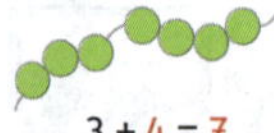
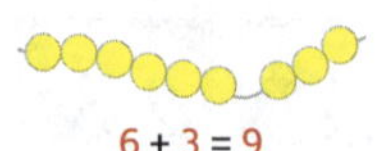

3 + 4 = 7 6 + 3 = 9

2 + 5 = 7 4 + 4 = 8

6 + 2 = 8 1 + 7 = 8

23

5 + 3 = 8 2 + 7 = 9

6 + 2 = 8 3 + 4 = 7

4 + 5 = 9 7 + 1 = 8

3 + 2 = 5 2 + 5 = 7

24

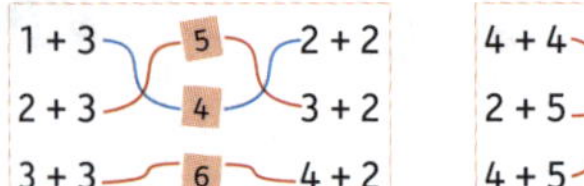

1 + 3	5	2 + 2
2 + 3	4	3 + 2
3 + 3	6	4 + 2

4 + 4	9	3 + 6
2 + 5	7	4 + 3
4 + 5	8	3 + 5

25

5 + 2 = 7	2 + 3 = 5	
1 + 7 = 8	4 + 5 = 9	4 + 3 = 7
3 + 3 = 6	6 + 2 = 8	2 + 1 = 3
4 + 1 = 5	7 + 3 = 10	4 + 4 = 8
2 + 7 = 9	5 + 4 = 9	3 + 5 = 8
3 + 4 = 7	1 + 6 = 7	5 + 5 = 10
2 + 2 = 4	6 + 3 = 9	2 + 8 = 10

26

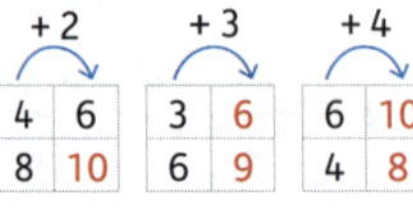

+ 2

4	6
8	10

+ 3

3	6
6	9

+ 4

6	10
4	8

27

3 5 4 8

So sieht das Bild fertig aus:

2 1 6 7

28

9 − 6 = 3 8 − 1 = 7 7 − 2 = 5

29

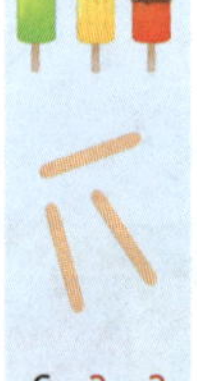
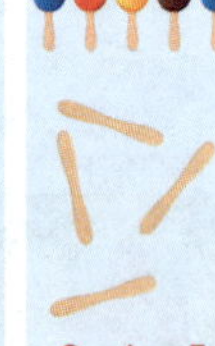

6 − 3 = 3 9 − 4 = 5 8 − 2 = 6 7 − 3 = 4

30

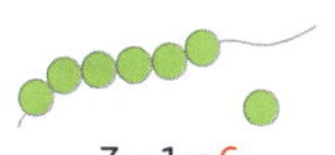

7 − 1 = 6

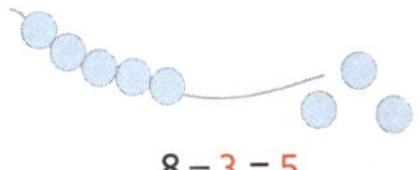

8 − 3 = 5

6 − 4 = 2

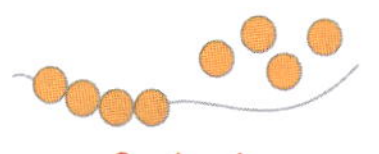

8 − 4 = 4

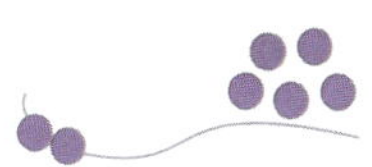

7 − 5 = 2

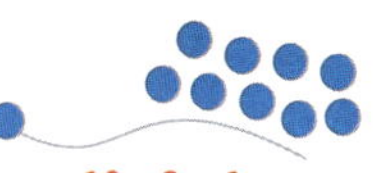

10 − 9 = 1

31

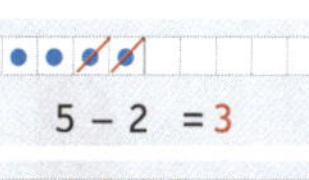

5 − 2 = 3

7 − 4 = 3

6 − 5 = 1

10 − 3 = 7

9 − 2 = 7

8 − 5 = 3

8 − 2 = 6

7 − 3 = 4

32

5 − 2 = 3 9 − 3 = 6

7 − 5 = 2 4 − 1 = 3

4 − 2 = 2 5 − 3 = 2 7 − 3 = 4

9 − 4 = 5 3 − 2 = 1 10 − 8 = 2

10 − 5 = 5 9 − 7 = 2 2 − 2 = 0

6 − 3 = 3 5 − 4 = 1 8 − 4 = 4

8 − 3 = 5 10 − 6 = 4 9 − 6 = 3

33

−3	
4	1
9	6
7	4

−2	
6	4
8	6
10	8

−5	
8	3
10	5
7	2

34

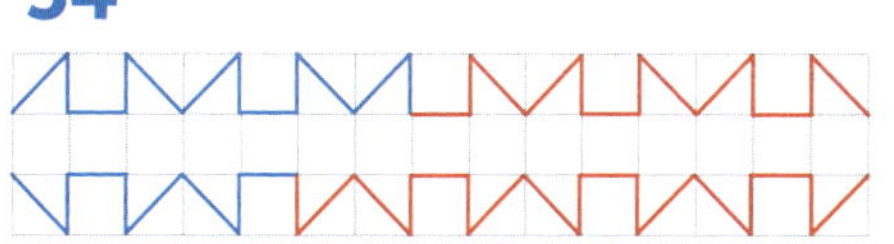

35

3 + 4 = 7

7 − 5 = 2

4 + 1 = 5

5 − 3 = 2

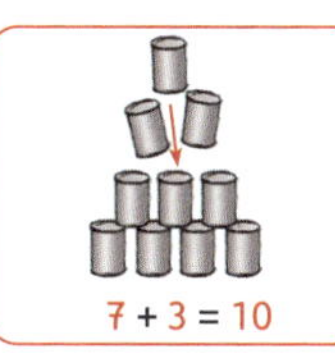

7 + 3 = 10

10 − 5 = 5

2 + 4 = 6

6 − 1 = 5

36

+	5	2	4
1	6	3	5
5	10	7	9
3	8	5	7

−	4	6	2
9	5	3	7
10	6	4	8
7	3	1	5

37

38

39

3 + 2 = 5 ● ● ● ● ●
2 + 3 = 5 ● ● ● ● ●

2 + 4 = 6 ● ● ● ● ● ●
4 + 2 = 6 ● ● ● ● ● ●

2 + 6 = 8	4 + 1 = 5	3 + 6 = 9	7 + 2 = 9
6 + 2 = 8	1 + 4 = 5	6 + 3 = 9	2 + 7 = 9
1 + 5 = 6	5 + 3 = 8	4 + 5 = 9	2 + 6 = 8
5 + 1 = 6	3 + 5 = 8	5 + 4 = 9	6 + 2 = 8

40

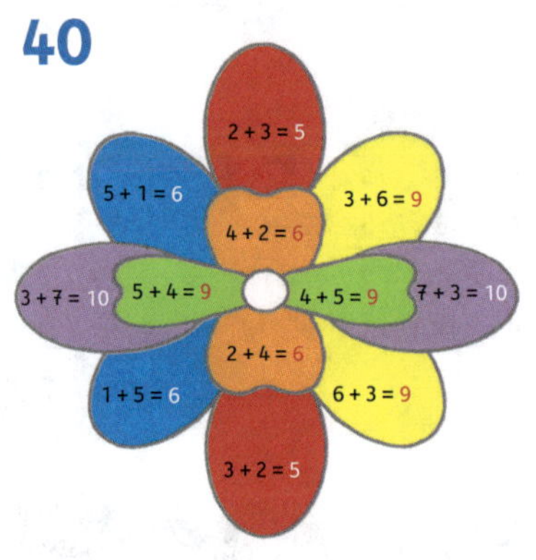

41

5 − 2 = 3 ● ● ● ● ●
5 − 3 = 2 ● ● ● ● ●

6 − 1 = 5 ● ● ● ● ● ●
6 − 5 = 1 ● ● ● ● ● ●

8 − 3 = 5	7 − 5 = 2	9 − 6 = 3	10 − 3 = 7
8 − 5 = 3	7 − 2 = 5	9 − 3 = 6	10 − 7 = 3
7 − 4 = 3	9 − 2 = 7	10 − 4 = 6	8 − 6 = 2
7 − 3 = 4	9 − 7 = 2	10 − 6 = 4	8 − 2 = 6

42

1 + 1 = 2 2 + 2 = 4 3 + 3 = 6

4 + 4 = 8 5 + 5 = 10

43

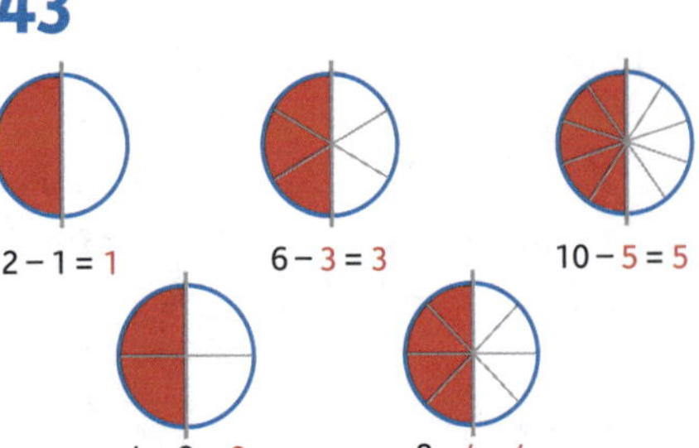

2 − 1 = 1 6 − 3 = 3 10 − 5 = 5

4 − 2 = 2 8 − 4 = 4

44

5 + 3 = 8	2 + 5 = 7	
8 − 3 = 5	7 − 5 = 2	
4 + 2 = 6	9 + 1 = 10	6 + 3 = 9
6 − 2 = 4	10 − 1 = 9	9 − 3 = 6
1 + 5 = 6	7 + 2 = 9	3 + 4 = 7
6 − 5 = 1	9 − 2 = 7	7 − 4 = 3

45

2 4 6	5 4 9	6 3 9
2 + 4 = 6	5 + 4 = 9	6 + 3 = 9
4 + 2 = 6	4 + 5 = 9	3 + 6 = 9
6 − 4 = 2	9 − 4 = 5	9 − 3 = 6
6 − 2 = 4	9 − 5 = 4	9 − 6 = 3

46

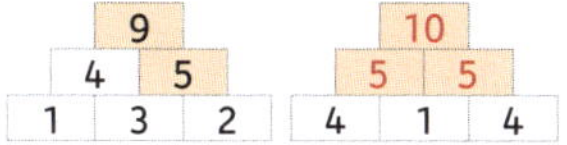

	9	
	4	5
1	3	2

	10	
	5	5
4	1	4

	9	
	5	4
1	4	0

	10	
	6	4
3	3	1

	9	
	2	7
0	2	5

47

2 + 4 (>) 6 − 1 | 6 + 3 (=) 4 + 5 | 8 − 3 (<) 3 + 3

5 − 2 (<) 2 + 2 | 3 + 2 (>) 7 − 3 | 5 + 2 (=) 9 − 2

48

2 | +3 | 5 | −1 | 4 | +4 | 8 | +2 | 10

👑

9 | −5 | 4 | +3 | 7 | −6 | 1 | +7 | 8

49

4 + 3 =	7	N
5 + 1 =	6	E
2 + 7 =	9	U
8 − 1 =	7	N

7 − 6 =	1	B
7 − 5 =	2	L
8 − 5 =	3	A
6 + 3 =	9	U
10 − 4 =	6	E

1 + 1 =	2	L
4 + 5 =	9	U
10 − 5 =	5	F
6 + 4 =	10	T
10 − 9 =	1	B
5 − 2 =	3	A
6 − 4 =	2	L
7 − 3 − 2 =	2	L
8 − 6 + 2 =	4	O
6 + 3 − 2 =	7	N
2 + 4 + 2 =	8	S

50

3 + 1 = 4

4 + 3 = 7

7 − 1 = 6

6 + 6 = 12

3 + 2 = 5

2 + 2 + 2 + 2 = 8

9 − 1 = 8

3 4 6 5 9

1 7 2 8

51

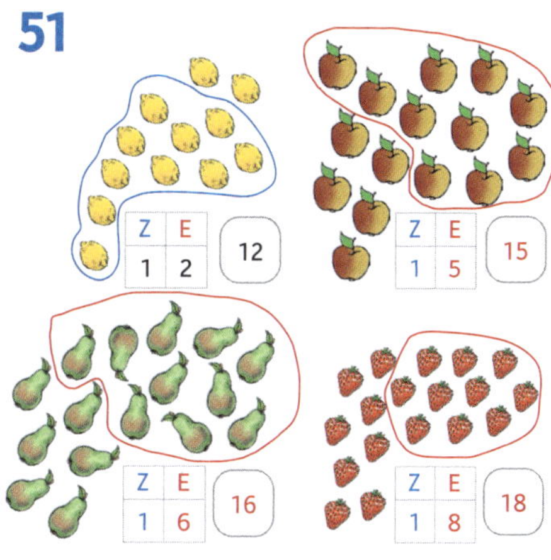

Z	E
1	2

12

Z	E
1	5

15

Z	E
1	6

16

Z	E
1	8

18

52

Z	E
2	0

Z	E
1	4

Z	E
1	3

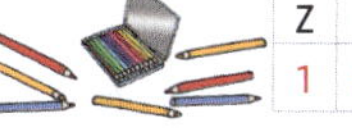

Z	E
1	7

53

Z	E
1	5

Z	E
1	8

Z	E
1	1

Z	E
1	6

Z	E
1	0

Z	E
1	4

54

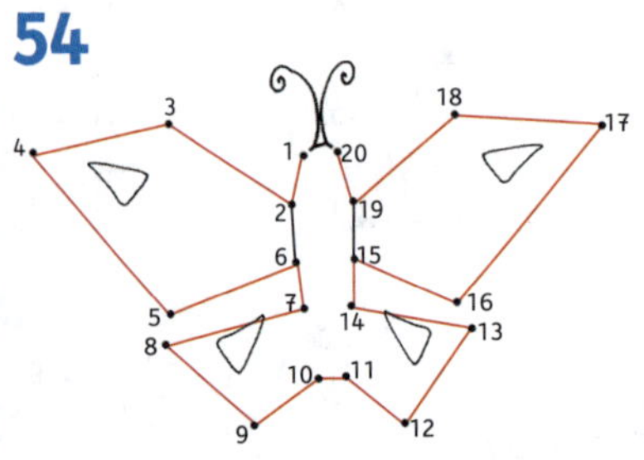

55

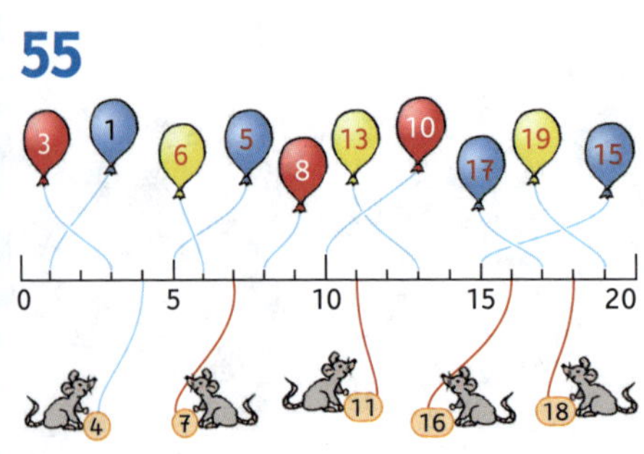

56

10 < 20   14 > 4   18 = 18   19 > 9

15 > 13   7 < 11   16 < 19   12 < 20

57

Immer 2 weiter: 2 4 6 8 10 12 14 16 18 20

Immer 4 weiter: 4 8 12 16 20 24 28

58

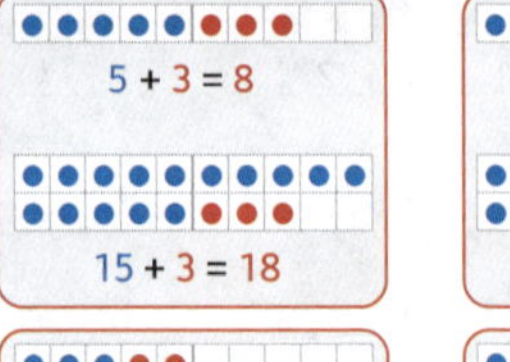

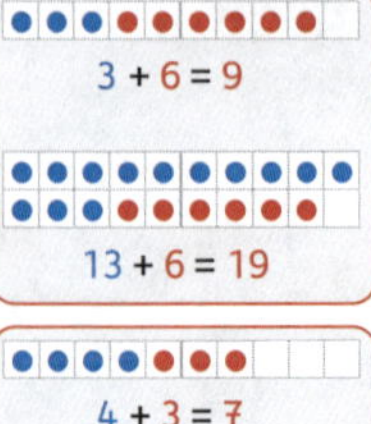

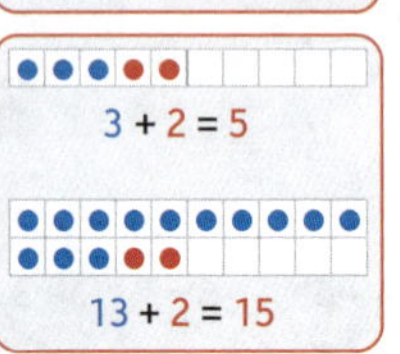

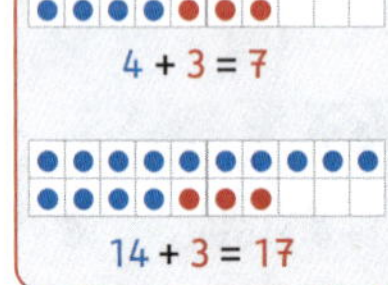

59

13 + 3 = 16   14 + 3 = 17   15 + 4 = 19

11 + 7 = 18   16 + 3 = 19   17 + 3 = 20

18 + 1 = 19   12 + 2 = 14   18 + 2 = 20

60

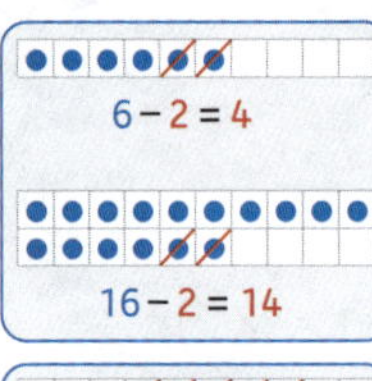

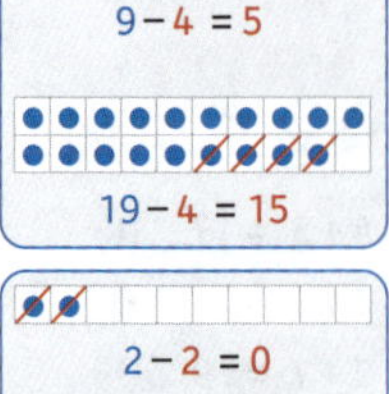

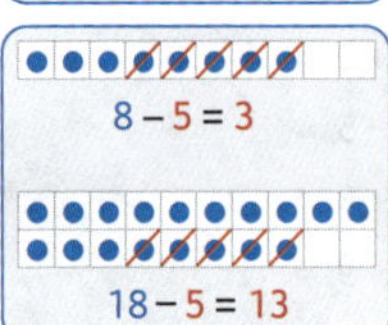

2 − 2 = 0

12 − 2 = 10

61

18 − 2 = 16   14 − 3 = 11   13 − 3 = 10

15 − 2 = 13   16 − 5 = 11   17 − 2 = 15

19 − 5 = 14   13 − 1 = 12   15 − 3 = 12

62

5 + 5 = 10 8 + 2 = 10 2 + 8 = 10

1 + 9 = 10 4 + 6 = 10 6 + 4 = 10

7 + 3 = 10 3 + 7 = 10

63

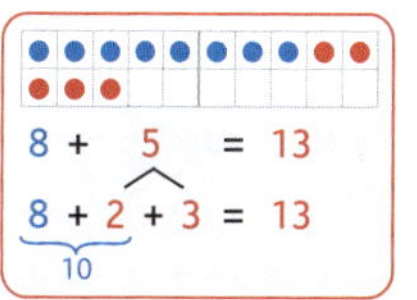

8 + 5 = 13
8 + 2 + 3 = 13
10

5 + 7 = 12
5 + 5 + 2 = 12
10

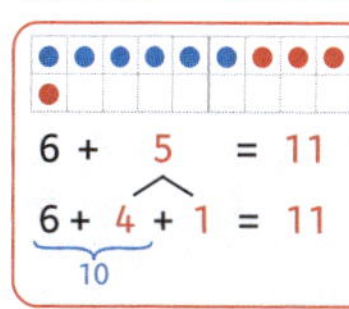

6 + 5 = 11
6 + 4 + 1 = 11
10

7 + 7 = 14
7 + 3 + 4 = 14
10

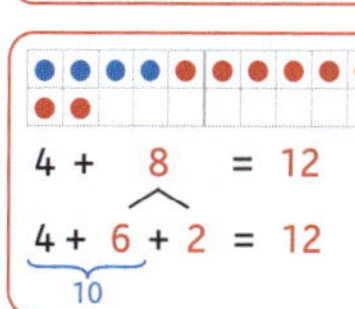

4 + 8 = 12
4 + 6 + 2 = 12
10

9 + 6 = 15
9 + 1 + 5 = 15
10

64

5 + 9 = 14
5 + 5 + 4 = 14
10

8 + 3 = 11
8 + 2 + 1 = 11
10

9 + 7 = 16
9 + 1 + 6 = 16
10

6 + 8 = 14
6 + 4 + 4 = 14
10

4 + 7 = 11
4 + 6 + 1 = 11

7 + 6 = 13
7 + 3 + 3 = 13

8 + 7 = 15
8 + 2 + 5 = 15

6 + 9 = 15
6 + 4 + 5 = 15

65

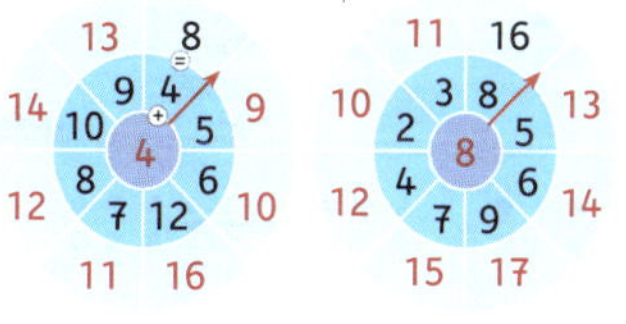

66

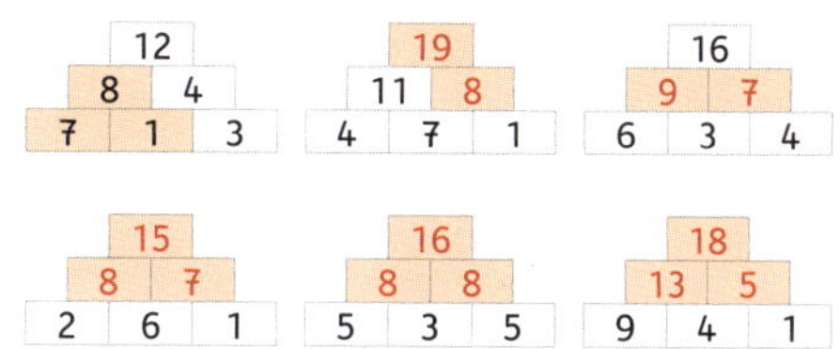

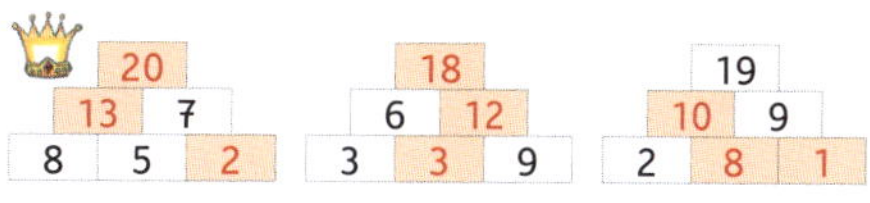

20
13 7
8 5 2

18
6 12
3 3 9

19
10 9
2 8 1

67

10 − 5 = 5 10 − 7 = 3 10 − 1 = 9

10 − 2 = 8 10 − 6 = 4 10 − 8 = 2

10 − 9 = 1 10 − 4 = 6 10 − 10 = 0

10 − 8 = 2 10 − 3 = 7 10 − 9 = 1

68

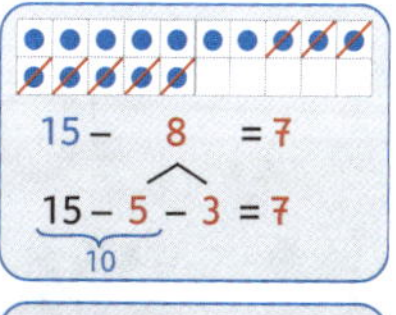

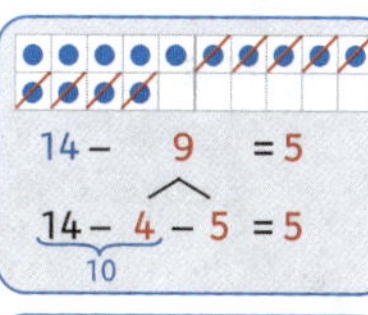

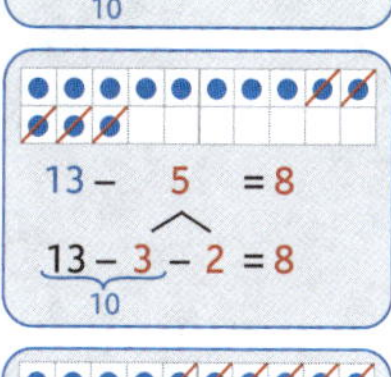

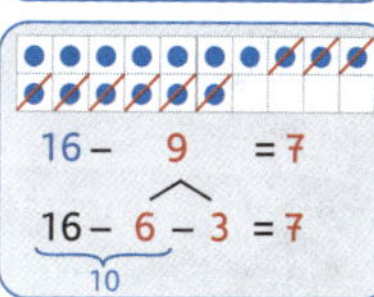

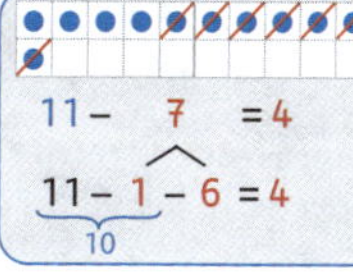

69

13 − 9 = 4
13 − 3 − 6 = 4 (10)

15 − 7 = 8
15 − 5 − 2 = 8 (10)

12 − 6 = 6
12 − 2 − 4 = 6 (10)

17 − 8 = 9
17 − 7 − 1 = 9 (10)

14 − 8 = 6
14 − 4 − 4 = 6

13 − 5 = 8
13 − 3 − 2 = 8

11 − 6 = 5
11 − 1 − 5 = 5

15 − 9 = 6
15 − 5 − 4 = 6

70

−4	
11	7
12	8
13	9
14	10

−6	
12	6
13	7
14	8
15	9

−8	
16	8
14	6
12	4
11	3

−7	
15	8
12	5
13	6
14	7

−9	
11	2
14	5
18	9
17	8

71

72

+	5	6	7	8	9
5	10	11	12	13	14
8	13	14	15	16	17
9	14	15	16	17	18

−	4	7	5	9	6
15	11	8	10	6	9
12	8	5	7	3	6
20	16	13	15	11	14

+	5	8	9	10	7
7	12	15	16	17	14
4	9	12	13	14	11
6	11	14	15	16	13

−	2	4	5	7	9
13	11	9	8	6	4
14	12	10	9	7	5
12	10	8	7	5	3

73

5 7 12
5 + 7 = 12
7 + 5 = 12
12 − 5 = 7
12 − 7 = 5

9 4 13
9 + 4 = 13
4 + 9 = 13
13 − 4 = 9
13 − 9 = 4

8 6 14
8 + 6 = 14
6 + 8 = 14
14 − 6 = 8
14 − 8 = 6

74

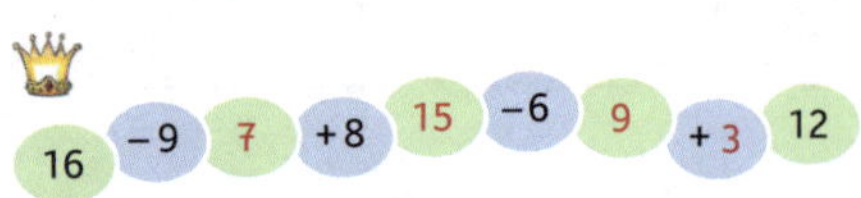

75

76

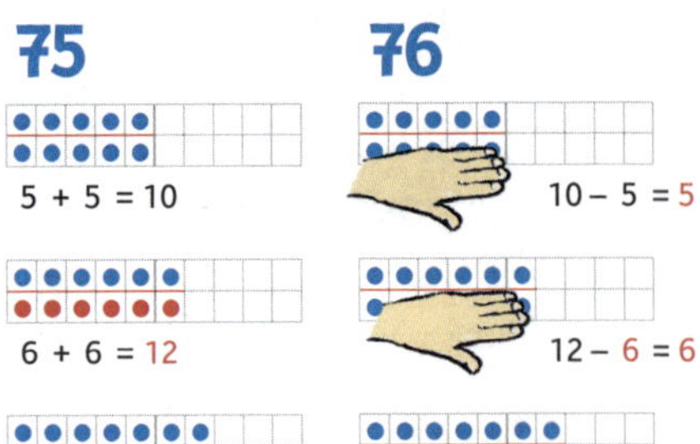

5 + 5 = 10
10 − 5 = 5

6 + 6 = 12
12 − 6 = 6

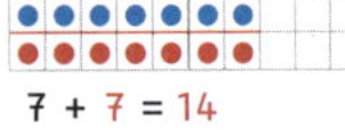

7 + 7 = 14

14 − 7 = 7

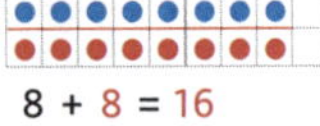

8 + 8 = 16
16 − 8 = 8

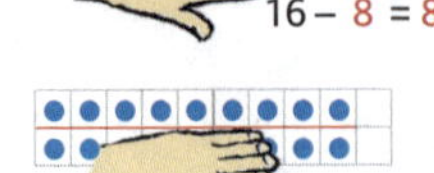

9 + 9 = 18
18 − 9 = 9

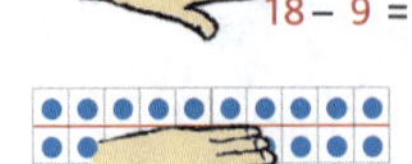

10 + 10 = 20
20 − 10 = 10

URKUNDE

für

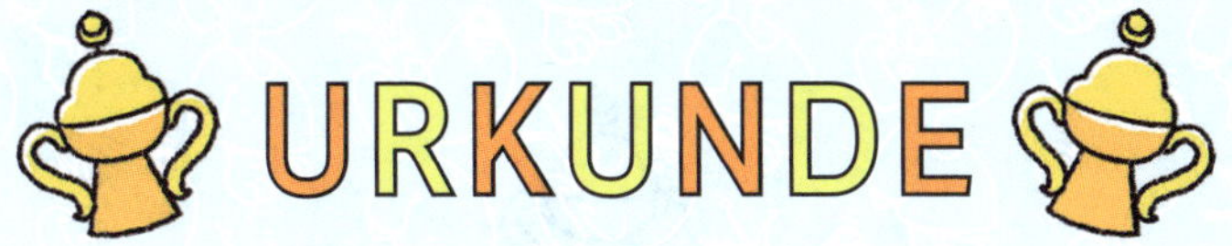

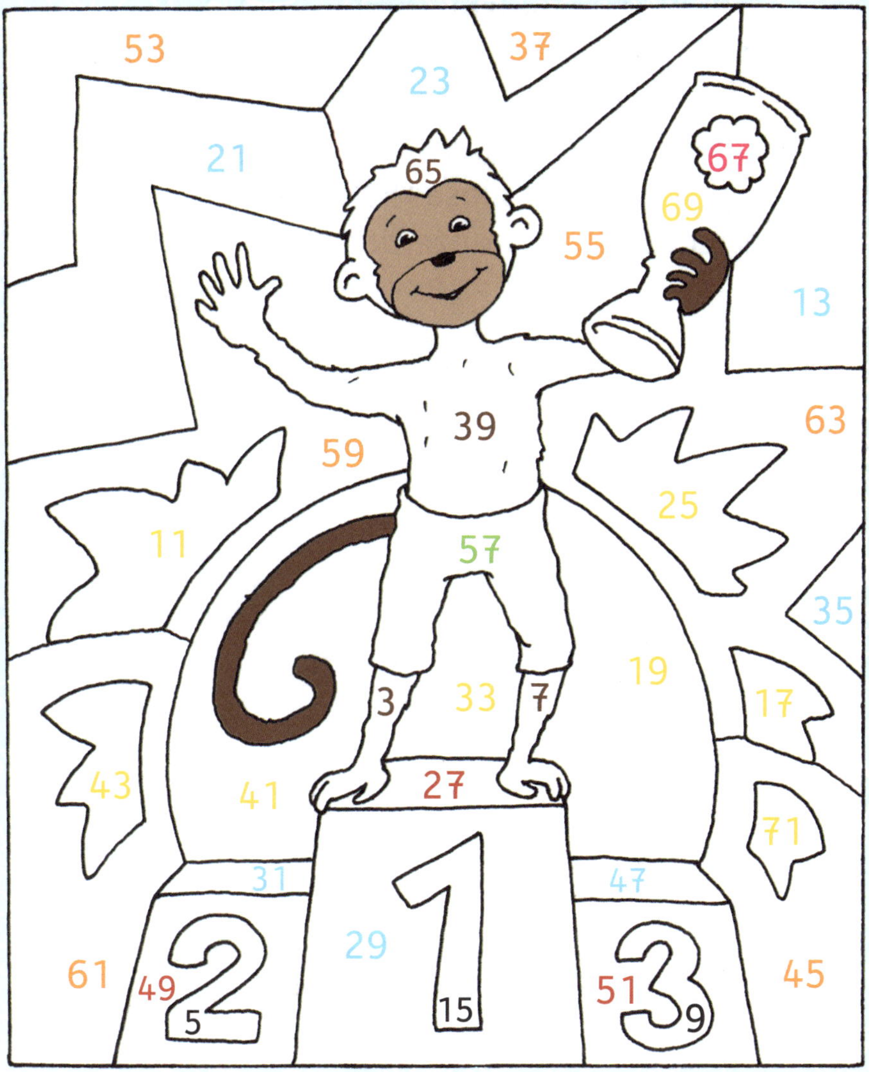

53
37
23
21
65
67
69
55
13
39
59
63
25
11
57
35
19
3
33
7
17
43
41
27
71
31
47
29
1
2
3
61
49
51
45
5
15
9

Diese Urkunde kannst du herausnehmen
und in deinem Zimmer aufhängen.
Löse immer zwei Seiten in diesem Heft und
kontrolliere sie. Dann darfst du die Nummer
der jeweils rechten Seite hier auf der Urkunde
suchen und dieses Feld anmalen.
Schaffst du es, die ganze Urkunde anzumalen?

77

6 + 4 = 10	7 + 4 = 11	8 + 4 = 12	9 + 4 = 13
6 + 3 = 9	7 + 3 = 10	8 + 3 = 11	9 + 3 = 12
6 + 2 = 8	7 + 2 = 9	8 + 2 = 10	9 + 2 = 11
6 + 1 = 7	7 + 1 = 8	8 + 1 = 9	9 + 1 = 10

78

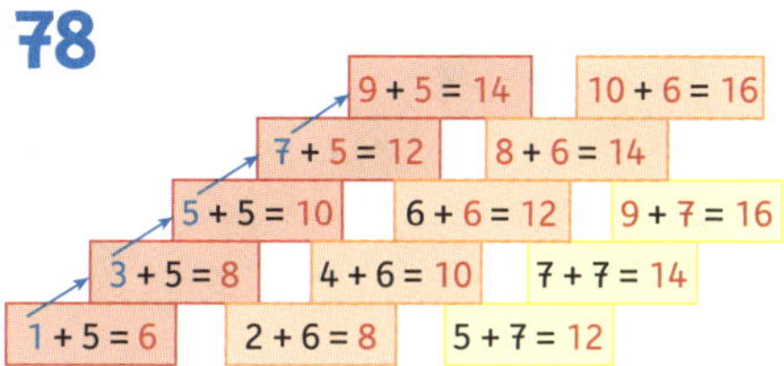

79

10 + 2 = 12 →	9 + 3 = 12 →	8 + 4 = 12 →	7 + 5 = 12
14 + 1 = 15 →	13 + 2 = 15 →	12 + 3 = 15 →	11 + 4 = 15
12 + 6 = 18 →	11 + 7 = 18 →	10 + 8 = 18 →	9 + 9 = 18

80

12 + 7 =	19	S
2 + 11 =	13	E
6 + 6 =	12	T
13 − 5 =	8	Z
17 − 4 =	13	E
3 + 3 + 3 =	9	C
11 − 5 =	6	O
12 − 3 =	9	C
13 − 7 =	6	O
9 + 4 =	13	E
12 + 8 =	20	I
20 − 5 =	15	N
7 + 6 =	13	E
6 + 9 =	15	N
16 − 9 =	7	L
8 + 8 =	16	U
14 + 5 =	19	S
18 − 6 =	12	T
13 + 7 =	20	I
11 − 7 =	4	G
5 + 8 =	13	E
4 + 11 =	15	N

9 + 3 + 2 =	14	H
6 + 4 + 6 =	16	U
15 + 3 − 6 =	12	T
20 − 12 + 3 =	11	A
4 + 4 + 8 =	16	U
13 − 9 + 1 =	5	F

81

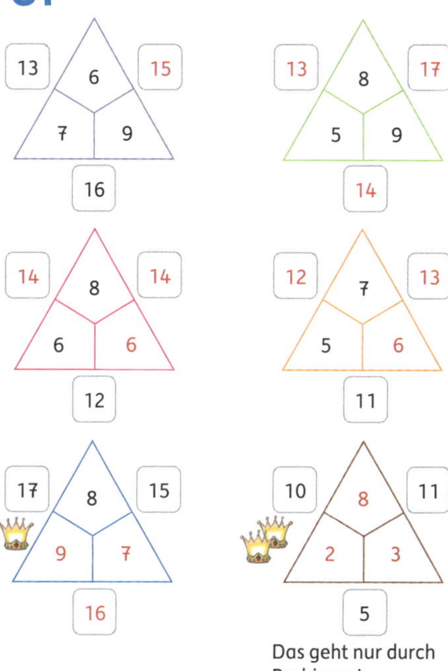

Das geht nur durch Probieren!

82

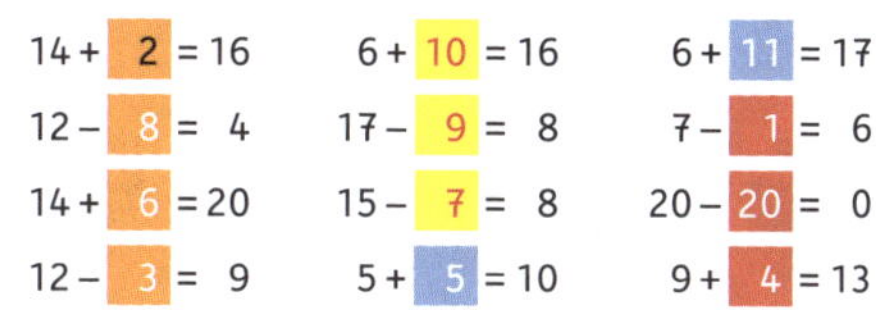

14 + 2 = 16	6 + 10 = 16	6 + 11 = 17
12 − 8 = 4	17 − 9 = 8	7 − 1 = 6
14 + 6 = 20	15 − 7 = 8	20 − 20 = 0
12 − 3 = 9	5 + 5 = 10	9 + 4 = 13

83

Rechne immer die Umkehraufgabe!

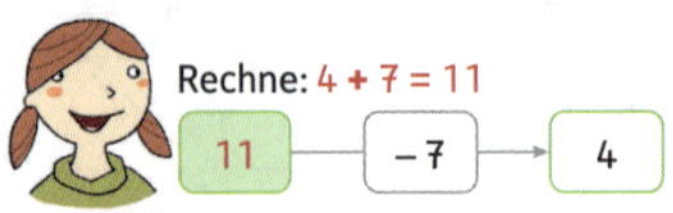

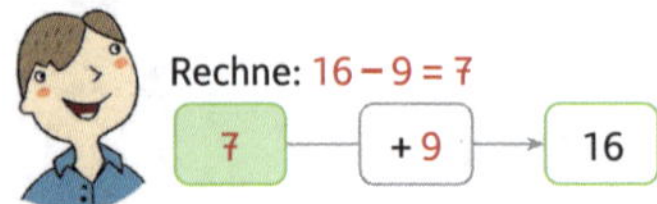

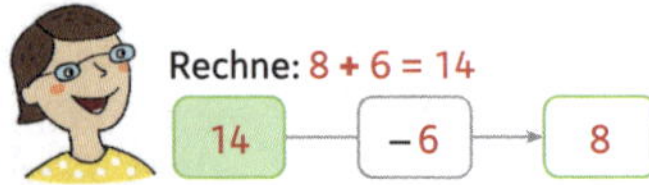

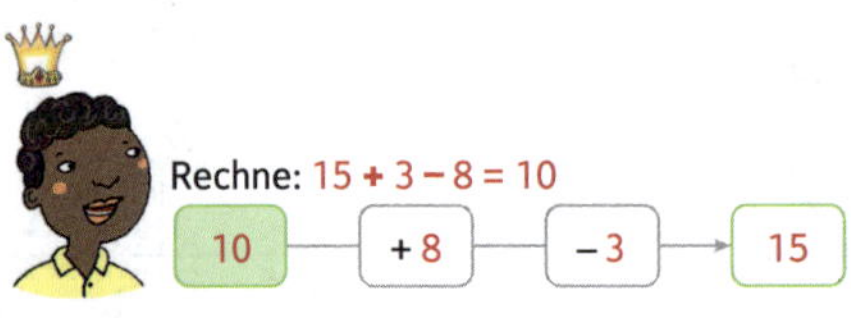

84

	6 + 6	15 − 7		2 + 9	6 + 7
12 + 6	1	8	7 + 4	1	1
	2		5 + 8	1	3
8 + 8		20 − 8	16 − 9		14 + 3
1	9 + 8	1	7		1
6	8 − 3 − 3	2		11 − 4	7
		14 − 6	10 − 3	7	
9 + 9	1	8		8 + 4 − 3	9

85

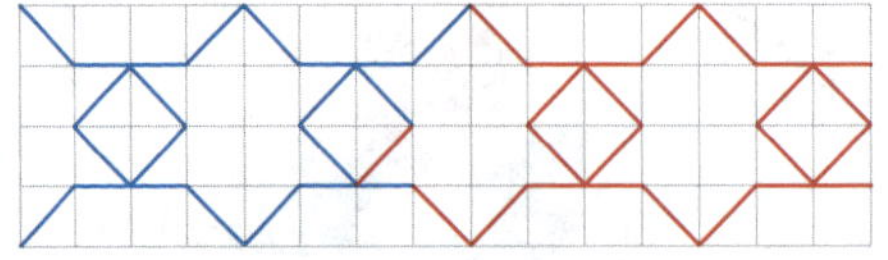

86

87

€ € € €

€ € € € € € €

88

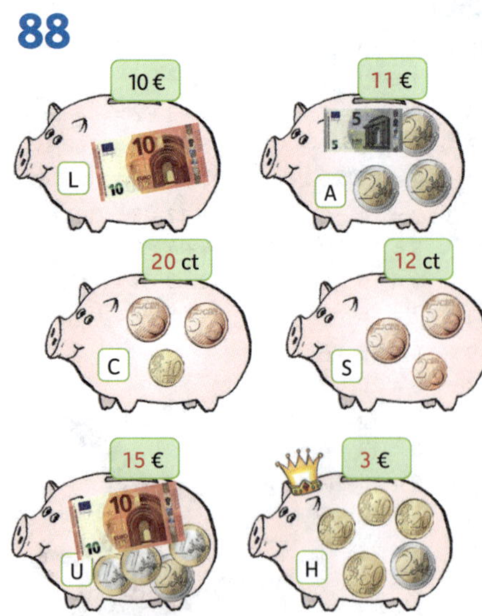

12 ct	<	20 ct	<	3 €	<	10 €	<	11 €	<	15 €
S		C		H		L		A		U

89

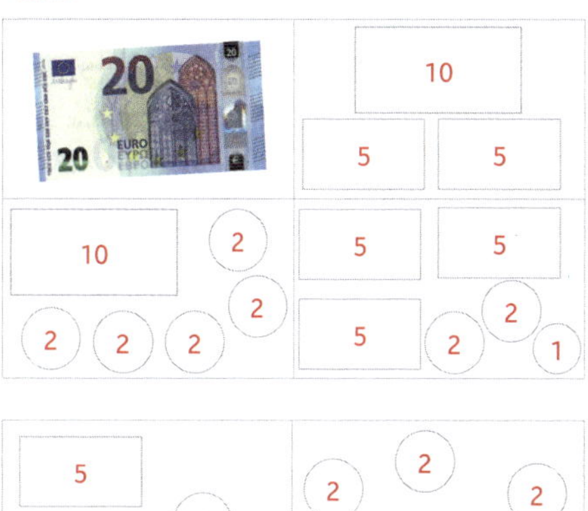

5, 2, 2, 1	2, 2, 2, 2, 2

Es gibt auch noch andere Möglichkeiten!

90

+ 3 € = 5 €

+ 15 € = 20 €

7 € + 3 € = 10 €

14 € + 6 € = 20 €

8 € + 12 € = 20 €

5 € + 5 € + 5 € + 5 € = 20 €

18 € + 2 € = 20 €

6 € 50 ct + 3 € 50 ct = 10 €

91

10 € + 5 € = 15 €	14 € + 3 € = 17 €
15 € + 4 € = 19 €	6 € + 5 € = 11 €

12 € + 3 € + 4 € = 19 €

6 € + 4 € + 10 € = 20 €

12 € + 5 € + 3 € = 20 €

Rechne: 20 € – 12 € = 8 €

Antworte: Er bekommt 8 € zurück.

Rechne: 10 € – 5 € – 4 € = 1 €
oder: 5 € + 4 € = 9 € und 10 € – 9 € = 1 €

Antworte: Sie bekommt 1 € zurück.

+	+	+
12 € + 6 € = 18 €	10 € + 3 € = 13 €	15 € + 5 € = 20 €
bezahlt mit:	bezahlt mit:	bezahlt mit:
Geld zurück: 20 € – 18 € = 2 €	Geld zurück: 15 € – 13 € = 2 €	Geld zurück: 20 € – 20 € = 0 €

92

Rechnung: 2 € + 2 € + 2 € + 2 € + 2 € = 10 €
Jonas, 4 Freunde

Antwort: Alle zusammen müssen 10 € bezahlen.

Rechnung: 2 + 9 + 3 = 14
Jonas + Max, weitere Kinder, Kinder, die springen

Antwort: Im Schwimmbecken sind 14 Kinder.

Rechnung: 3 + 2 + 1 + 1 + 1 = 8
Jonas, Max, 3 Freunde

Antwort: Sie springen insgesamt 8-mal vom Brett.

93

Rechnung: 6 + 12 = 18
(6 orange Pfosten, 12 gelbe Pfosten)

Antwort: Es sind insgesamt 18 Pfosten.

94

Lisa und Paul gehen mit Vater und zwei Schulfreunden ins Freibad.	Vater bezahlt 5 Hotdogs und 4 Flaschen Limo mit drei 5-€-Scheinen.
Wie viel Geld bekommt er zurück?	Wie viel kostet der Eintritt für sie alle?

4 € + 2 € + 2 € + 2 € + 2 € = 12 €

2 € + 2 € + 2 € + 2 € + 2 € + 1 € + 1 € + 1 € + 1 € = 14 €
bezahlt: 5 € + 5 € + 5 € = 15 €
zurück: 15 € – 14 € = 1 €

Der Eintritt für alle kostet 12 €.	Vater bekommt 1 € zurück.

95

Überlege: Die **Hälfte** von 16 ist 8, denn 16 = 8 + 8 oder 16 – 8 = 8. Das **Doppelte** von 8 ist 16.

Die Zahl heißt: 8.

Rechne: 13 – 8 = 5

Ich erhalte die Zahl: 5.

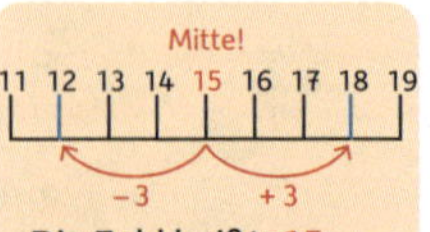

Die Zahl heißt: 15.

Überlege: Wenn 6 die Hälfte der gesuchten Zahl ist, muss ich die 6 verdoppeln.
Rechne: 6 + 6 = 12

Die Zahl heißt: 12.

Überlege: Die Zahlen zwischen 10 und 20 heißen: **11**, **12**, **13**, **14**, **15**, **16**, **17**, **18**, **19**. Zwei gleiche Ziffern hat von ihnen aber nur die **11**.

Die Zahl heißt: 11.

Rechne: 15 Uhr —+ 2 Stunden→ 17 Uhr

Antwort: Sie spielen 2 Stunden. (Alle gleichzeitig!)

Lass dich von der Information „3 Freunde" nicht durcheinanderbringen!

96

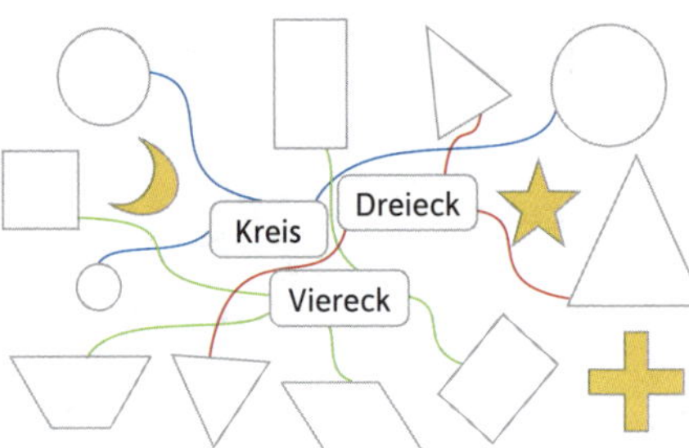

97

98

Antwort: Ich finde 7 Kreise.

99

So könnte deine Lösung aussehen, aber auch andere Lösungen können stimmen. Jede Form passt an mehreren Stellen ins Geobrett:

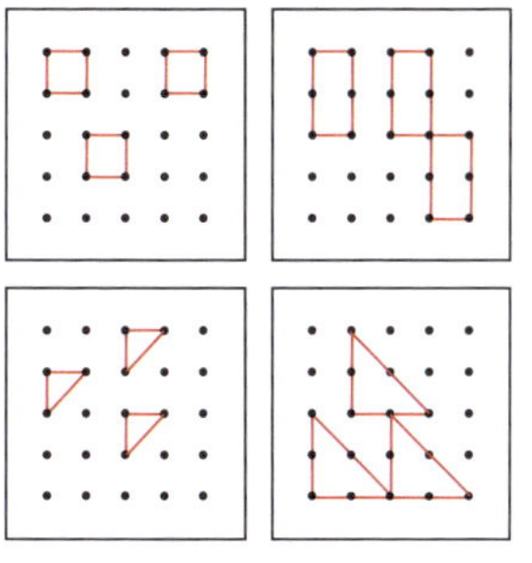

100

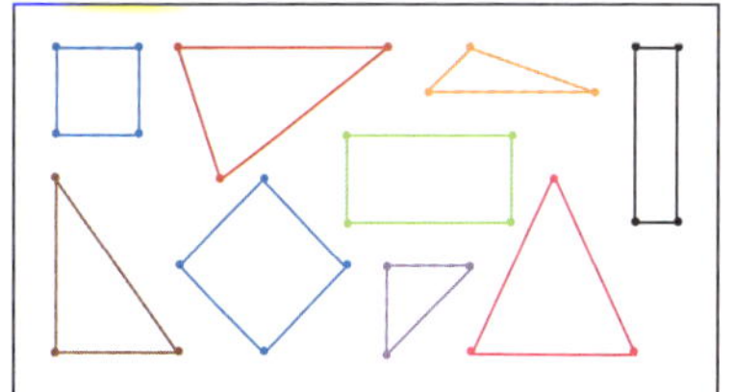

Rechtecke: 2 Quadrate: 2 Dreiecke: 5

101

3.00 Uhr 6.00 Uhr 7.00 Uhr

15.00 Uhr 18.00 Uhr 19.00 Uhr

10.00 Uhr 1.00 Uhr 8.00 Uhr

22.00 Uhr 13.00 Uhr 20.00 Uhr

102

19.00 Uhr 7.00 Uhr 10.00 Uhr 15.00 Uhr 1.00 Uhr 12.00 Uhr

103

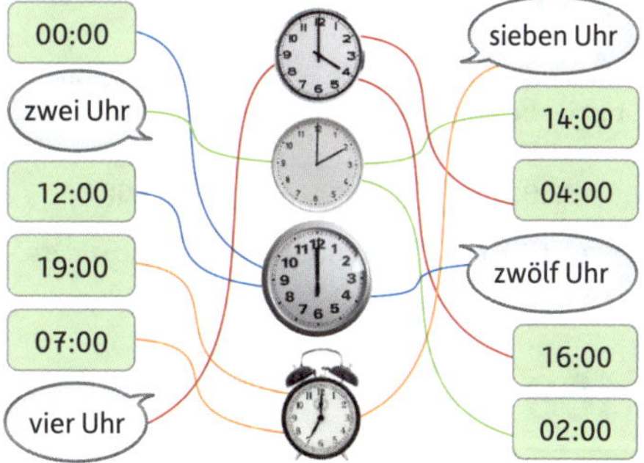

104

5 Uhr 14 Uhr 9 Uhr 19 Uhr

18 Uhr 12 Uhr 17 Uhr 7 Uhr

105

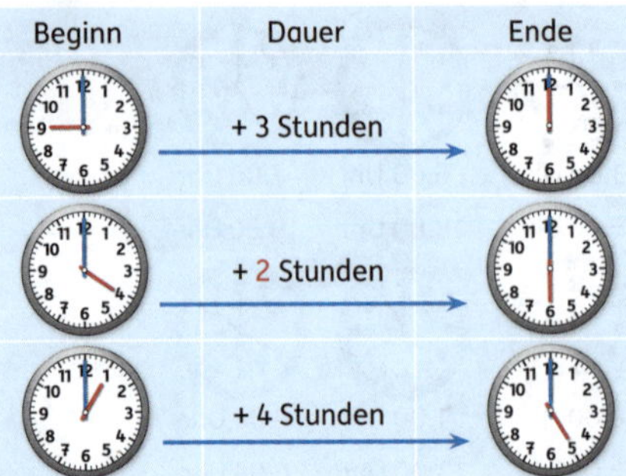

106

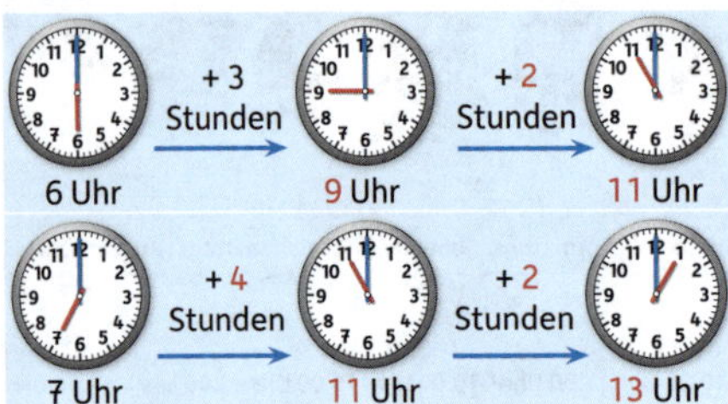

107

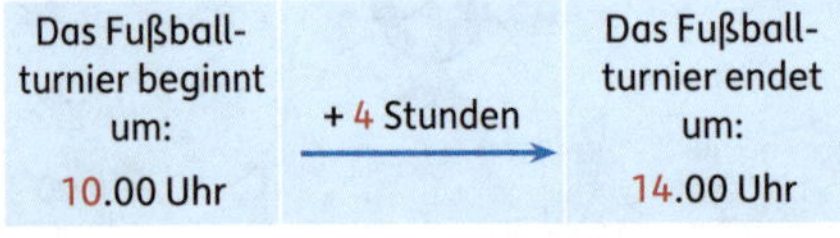

Antwort: Luca geht um 14.00 Uhr wieder nach Hause.

108

109

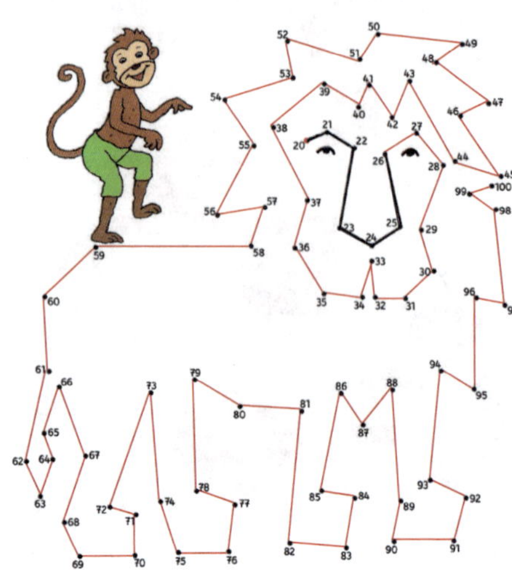

Test 1: Zahlen bis 10

Lass dir beim Zählen deiner Punkte helfen. Wenn du viele Fehler hast, wiederhole noch einmal das Kapitel vor dem Test.

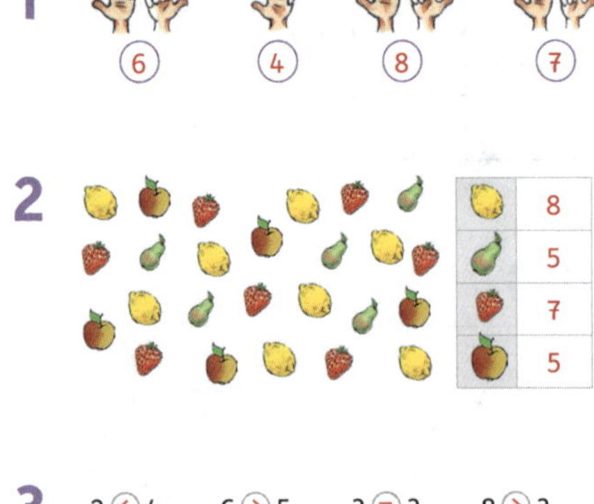

4

4	5	6

6	7	8

8	9	10

Test 2: Rechnen bis 10

1

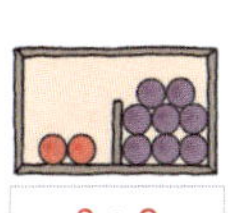

3 + 7 | 6 + 4 | 2 + 8

2

4 + 3 = 7 | 6 − 2 = 4 | 6 + 4 = 10

3

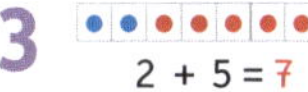

2 + 5 = 7

7 − 3 = 4

5 + 4 = 9

8 − 5 = 3

4

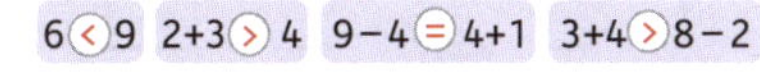

6 < 9 | 2+3 > 4 | 9−4 = 4+1 | 3+4 > 8−2

5

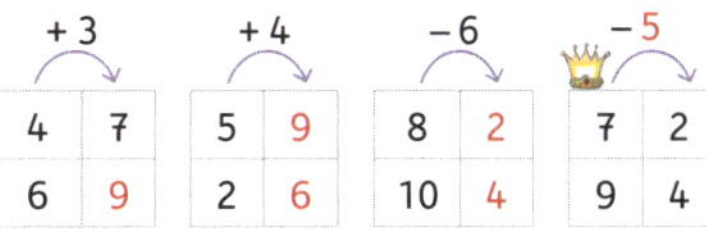

+3		+4		−6		−5	
4	7	5	9	8	2	7	2
6	9	2	6	10	4	9	4

6

Zahl	4	10	8	6	2
die Hälfte	2	5	4	3	1

7

2 + 6 = 8 → 8 − 6 = 2

7 − 5 = 2 → 2 + 5 = 7

4 + 3 = 7 → 7 − 3 = 4

8

5 +3 8 −4 4 +2 6 +3 9

Test 3: Rechnen bis 20

1

7 + 6 = 13
7 + 3 + 3 = 13

6 + 9 = 15
6 + 4 + 5 = 15

13 − 5 = 8
13 − 3 − 2 = 8

14 − 8 = 6
14 − 4 − 4 = 6

2

+	6	4	9
6	12	10	15
8	14	12	17

−	7	3	8
14	7	11	6
18	11	15	10

3

3 | 9 | 12

3 + 9 = 12
9 + 3 = 12
12 − 3 = 9
12 − 9 = 3

8 | 7 | 15

8 + 7 = 15
7 + 8 = 15
15 − 8 = 7
15 − 7 = 8

4

Zahl	4	5	8	6	9	7
das Doppelte	8	10	16	12	18	14

5

12 −4 8 +7 15 −9 6 +8 14

6

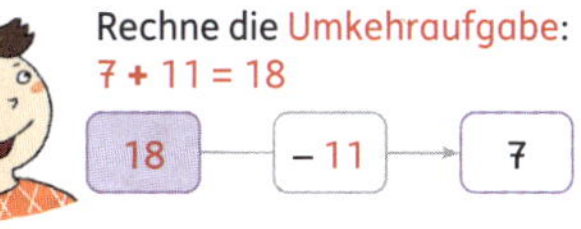

Rechne die Umkehraufgabe:
7 + 11 = 18

18 → −11 → 7

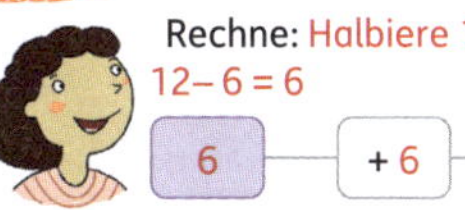

Rechne: Halbiere 12!
12 − 6 = 6

6 → +6 → 12

Test 4: Geld und Sachaufgaben

1
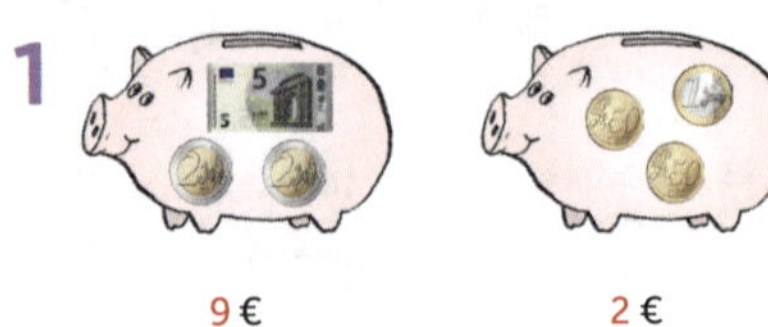

9 € 2 €

2

3

12 € + 3 € = 15 €

14 € + 50 ct + 50 ct = 15 €

4

Buch + Teddy	6 € + 12 € = 18 €
Ball + Auto	4 € + 7 € = 11 €
Buch + Auto + Ball	6 € + 7 € + 4 € = 17 €

5 Rechnung: 5 € gibt Jule – 4 € kostet der Ball = 1 € bekommt sie zurück

Antwort: Sie bekommt 1 € zurück.

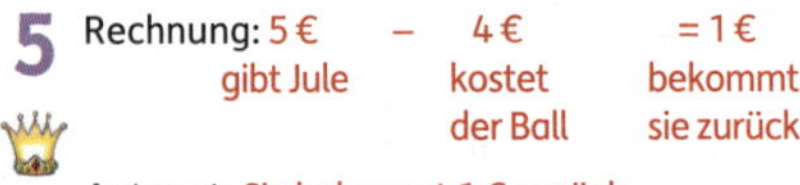

Rechnung: 6 € Buch + 7 € Auto = 13 €

Antwort: Nein, das Geld reicht nicht. 3 € fehlen.

Test 5: Geometrie

1

2 Beispiele:

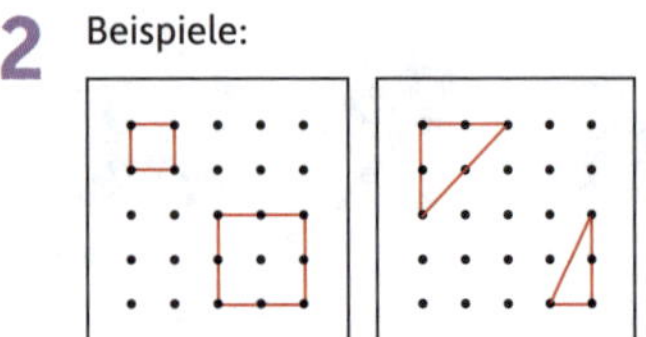

3 So könnte dein Haus aussehen:

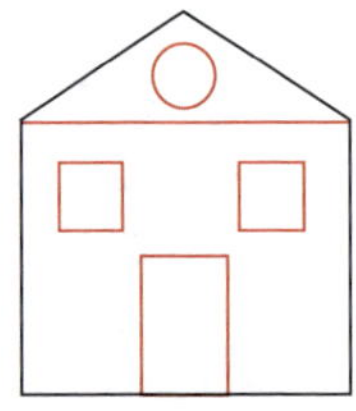

Test 6: Uhrzeiten

1

9 oder 21 Uhr | 17 Uhr | 8 Uhr | 1 oder 13 Uhr

2
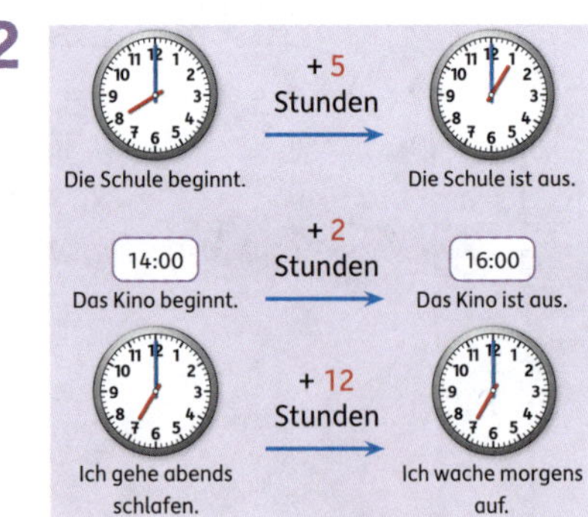

71 Rechenpuzzle mit + und –

Die **Puzzleteile** dazu findest du auf der **Seite 75 unten**. Schneide sie aus. Rechne jede Aufgabe und lege das Puzzleteil **mit dem richtigen Ergebnis** darauf. Wenn das Bild stimmt, darfst du alle Teile aufkleben!

8 + 4 = ___	7 + 9 = ___	6 + 13 = ___	9 + 4 = ___
14 – 8 = ___	11 – 7 = ___	12 – 5 = ___	14 – 9 = ___
7 + 8 = ___	9 + 9 = ___	11 – 10 = ___	6 + 8 = ___
13 + 7 = ___	8 + 9 = ___	14 – 5 = ___	11 – 9 = ___

72 Rechentabellen

+	5	6	7	8	9
5	**10**	**11**			
8					
9			**16**		

−	4	7	5	9	6
15	**11**	**8**			
12					
20					**14**

+	5	8	9		7
7	**12**				
4				**14**	**11**
6					

−	2	4	5		9
13	**11**				
14				**7**	
	10				

73 Drei Zahlen für vier Rechnungen

5 **7** **12**

5 + 7 = 12

7 + ___ = ___

12 − ___ = ___

12 − ___ = ___

9 **4** ___

9 + 4 = ___

___ + ___ = ___

___ − ___ = ___

___ − ___ = ___

8 ___ ___

___ + ___ = 14

___ + ___ = ___

___ − ___ = ___

___ − ___ = ___

74 Gemischte Kettenaufgaben mit + und −

8 → +3 → **11** → −6 → ___ → +9 → ___ → +6 → ___

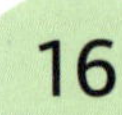
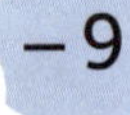
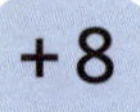
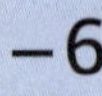

16 → −9 → ___ → +8 → ___ → −6 → ___ → + ___ → 12

75 Verdoppeln:

Zeichne das Spiegelbild unter den roten Strich. Schreibe die Plusaufgabe.

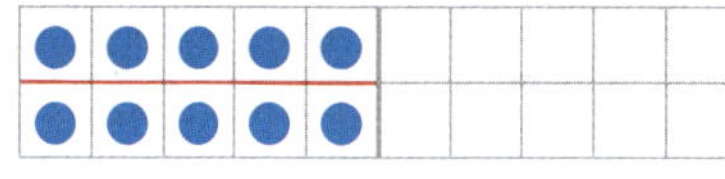

5 + 5 = **10**

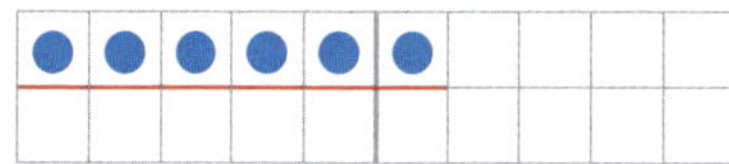

6 + 6 = ___

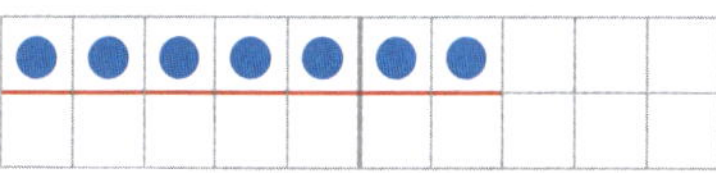

7 + ___ = ___

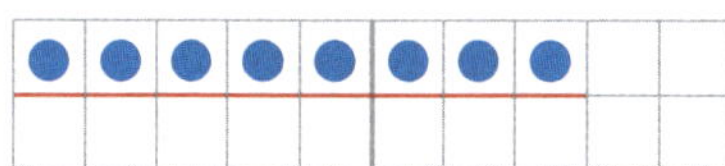

8 + ___ = ___

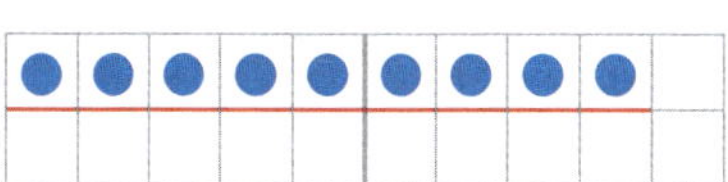

9 + ___ = ___

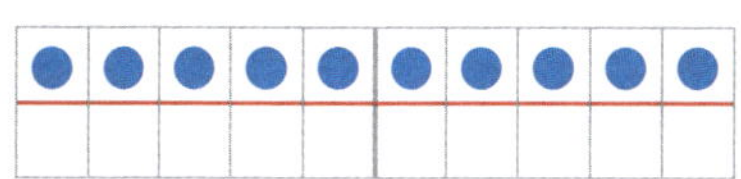

10 + ___ = ___

76 Halbieren:

Verdecke die untere Hälfte mit deiner Hand. Was bleibt übrig? Schreibe die Minusaufgabe.

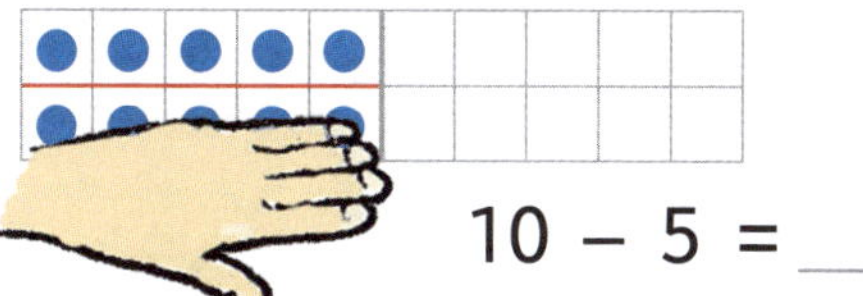

10 – 5 = ___

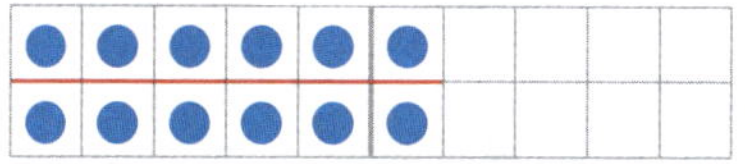

12 – ___ = ___

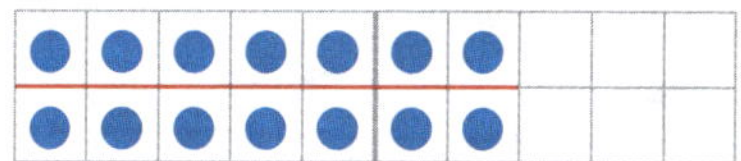

14 – ___ = ___

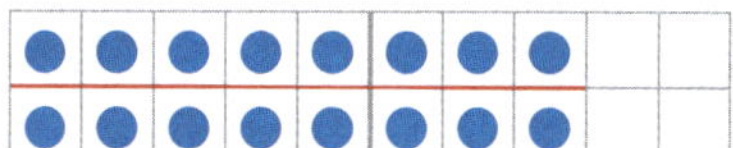

16 – ___ = ___

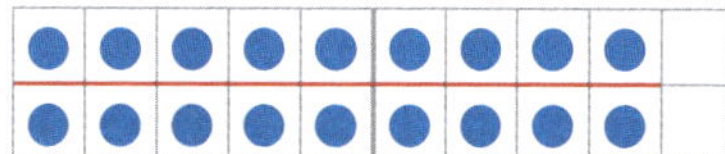

___ – ___ = ___

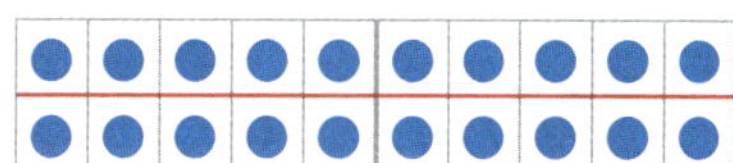

___ – ___ = ___

77 Baue die Türme von unten nach oben auf.

6 + 4 = ___	7 + ___ = ___	8 + ___ = ___	9 + ___ = ___
6 + 3 = ___	7 + ___ = ___	8 + ___ = ___	9 + ___ = ___
6 + 2 = ___	7 + 2 = ___	8 + ___ = ___	9 + ___ = ___
6 + 1 = ___	7 + 1 = ___	8 + 1 = ___	9 + 1 = ___

78 Treppen mit **+** in Zweiersprüngen: $\xrightarrow{+2}$

79 Ergänze die Rechenreihen.

10 + **2** = 12 →	9 + _ = 12 →	8 + _ = 12 →	7 + _ = 12
14 + _ = 15 →	13 + _ = 15 →	12 + _ = 15 →	_ + _ = 15
12 + _ = 18 →	11 + _ = 18 →	10 + _ = 18 →	_ + _ = 18

80 Rechenrätsel: Finde die Lösungsbuchstaben.

12 + 7 =	**19**	**S**
2 + 11 =		
6 + 6 =		
13 − 5 =		
17 − 4 =		
3 + 3 + 3 =		
11 − 5 =		
12 − 3 =		
13 − 7 =		
9 + 4 =		
12 + 8 =		
20 − 5 =		
7 + 6 =		
6 + 9 =		
16 − 9 =		
8 + 8 =		
14 + 5 =		
18 − 6 =		
13 + 7 =		
11 − 7 =		
5 + 8 =		
4 + 11 =		

Lösungsschlüssel:

4	G	5	F	6	O
7	L	8	Z	9	C
11	A	12	T	13	E
14	H	15	N	16	U
19	S	20	I		

9 + 3 + 2 =		
6 + 4 + 6 =		
15 + 3 − 6 =		
20 − 12 + 3 =		
4 + 4 + 8 =		
13 − 9 + 1 =		

81 Rechendreiecke:
Rechne immer die zwei Zahlen zusammen,
die im Dreieck nebeneinander stehen.

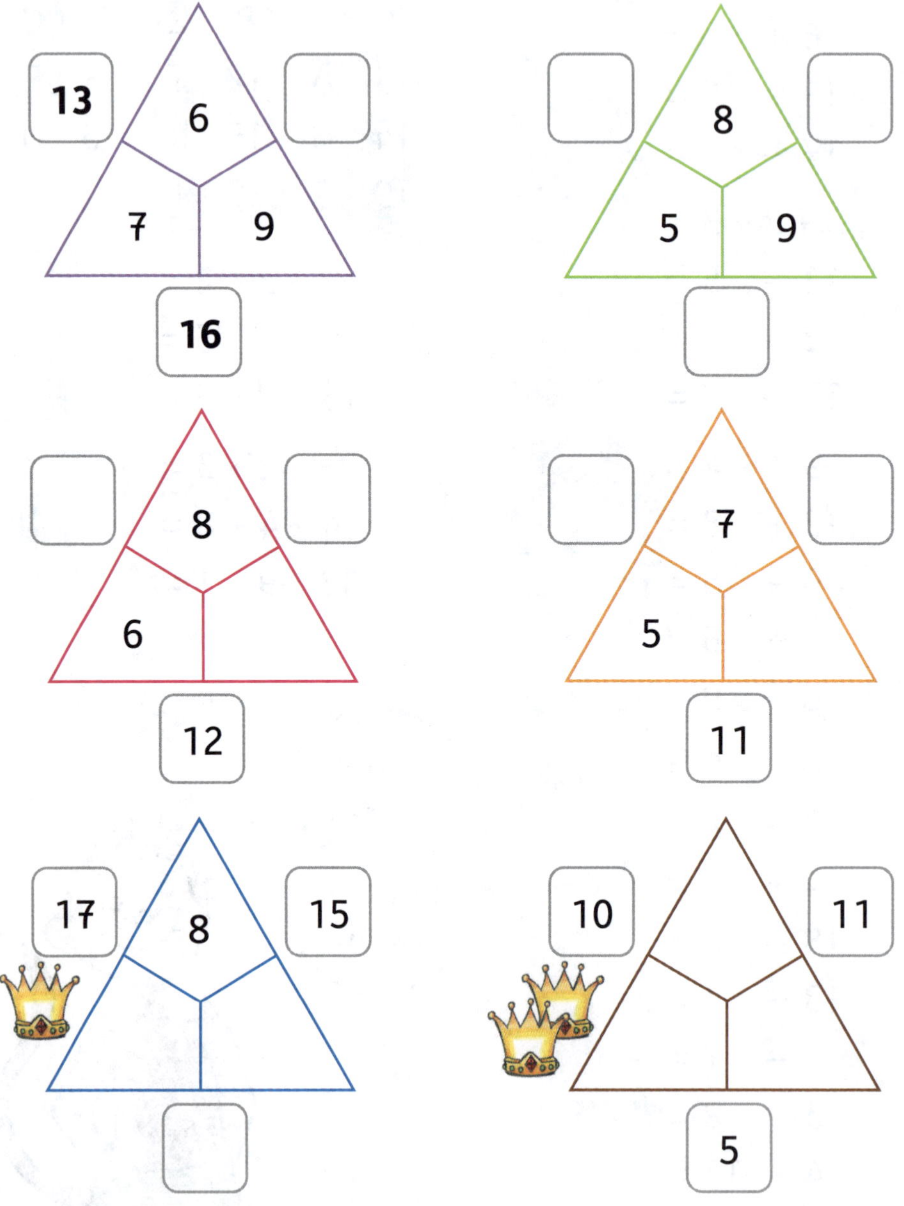

82 Rechenbild: Rechne die Platzhalter aus.
Male das Feld mit der Ergebniszahl im Bild unten immer mit der angegebenen Farbe aus.

14 + **2** = 16	6 + ___ = 16	6 + ___ = 17
12 – ___ = 4	17 – ___ = 8	7 – ___ = 6
14 + ___ = 20	15 – ___ = 8	20 – ___ = 0
12 – ___ = 9	5 + ___ = 10	9 + ___ = 13

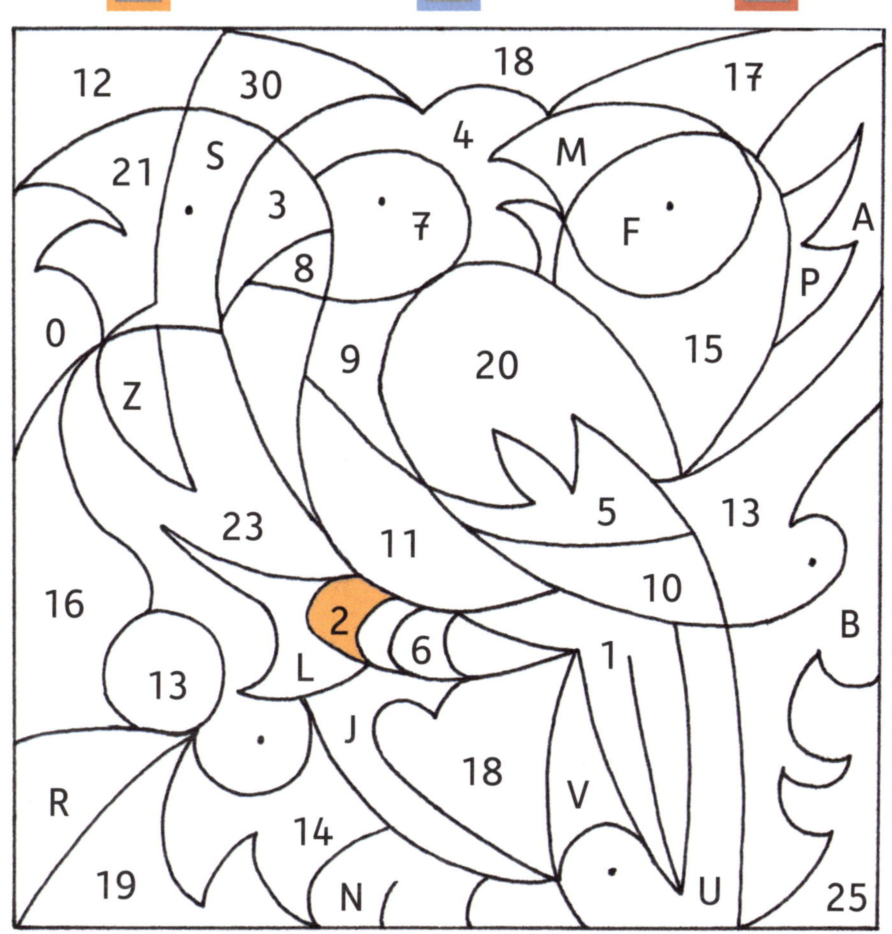

83 Finde die Zahl.

Ich denke mir eine Zahl.
Ich zähle 5 dazu und erhalte 13.

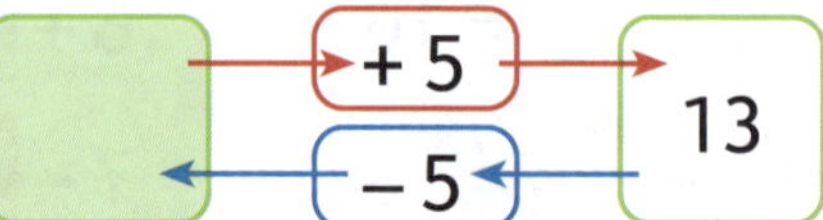

Ich rechne andersherum.
Die gesuchte Zahl heißt **8**!

Lisa denkt sich eine Zahl.
Sie nimmt 7 weg und erhält 4.

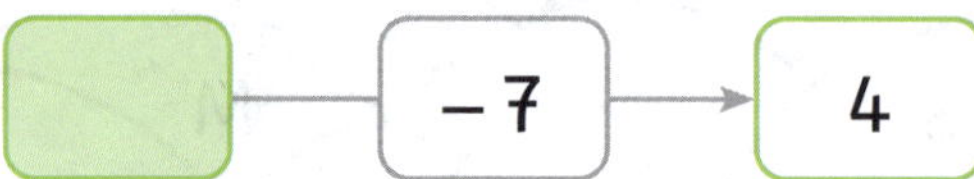

Lukas denkt sich eine Zahl.
Er zählt 9 dazu und erhält 16.

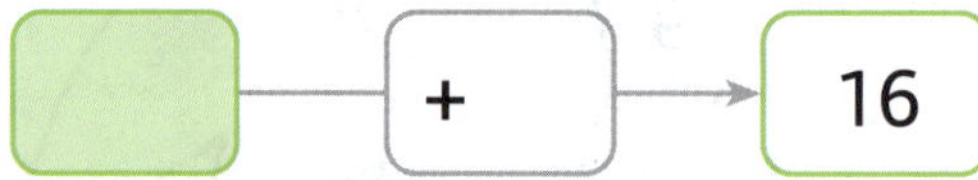

Jana denkt sich eine Zahl.
Sie nimmt 6 weg und erhält 8.

Taio denkt sich eine Zahl. Er zählt 8 dazu und nimmt dann 3 weg. Er erhält 15.

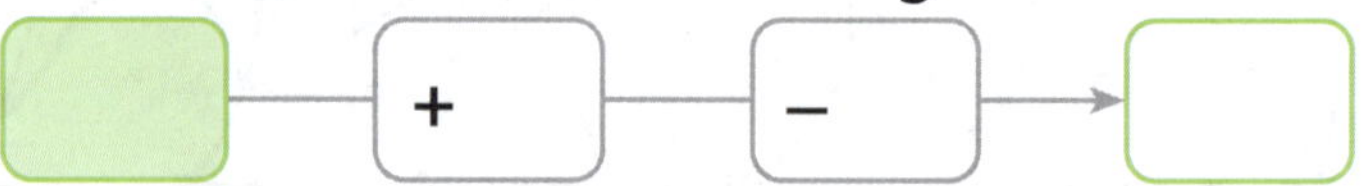

84 Kreuzrechenrätsel

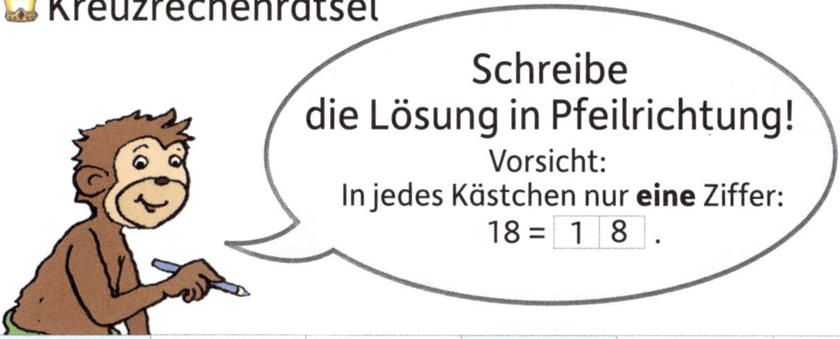

Schreibe
die Lösung in Pfeilrichtung!
Vorsicht:
In jedes Kästchen nur **eine** Ziffer:
18 = | 1 | 8 | .

	6 + 6	15 − 7		2 + 9	6 + 7
12 + 6	**1**	**8**	7 + 4		
			5 + 8		
8 + 8		20 − 8	16 − 9		14 + 3
	9 + 8				
	8 − 3 − 3			11 − 4	
		14 − 6	10 − 3		
9 + 9				8 + 4 − 3	

85 Zeichne das Muster selbst weiter.

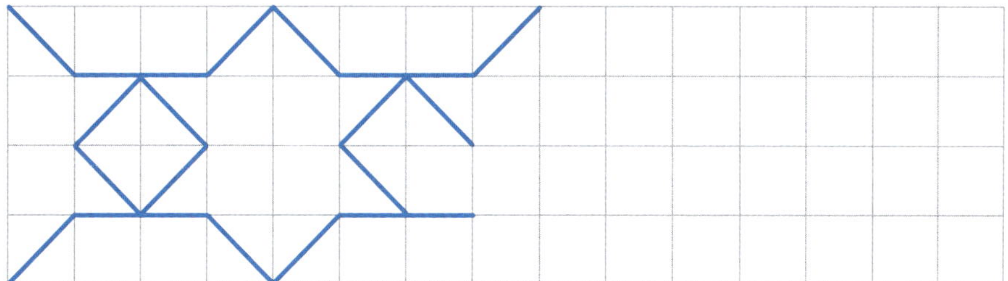

Test 3: Rechnen bis 20

Punkte:

1 Bis 10 und dann weiter:
Rechne in 2 Schritten.

7 + 6 = ___
7 + ___ + ___ = ___

6 + 9 = ___
6 + ___ + ___ = ___

13 – 5 = ___
13 – ___ – ___ = ___

14 – 8 = ___
14 – ___ – ___ = ___

/4

2 Rechne und setze die richtigen Zahlen ein.

+	6	4	
6			15
8			

–	7		
14		11	
18			10

/12

3 Drei Zahlen für vier Rechnungen

3 9 

 8     15

3 + 9 = ___
___ + ___ = ___
___ – ___ = ___
___ – ___ = ___

___ + ___ = ___
___ + ___ = ___
15 – 8 = ___
___ – ___ = ___

/8

4 Verdoppeln: Finde die fehlenden Zahlen.

Zahl	4		8	6		7
das Doppelte	**8**	10			18	

/5

5 Kettenrechnung: Rechne Schritt für Schritt.

/4

6 Finde die Zahl.

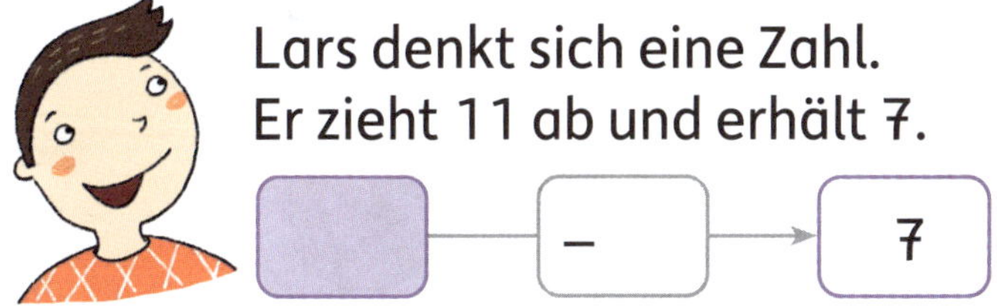

Lars denkt sich eine Zahl.
Er zieht 11 ab und erhält 7.

/2

Begüm denkt sich eine Zahl.
Sie verdoppelt sie und erhält 12.

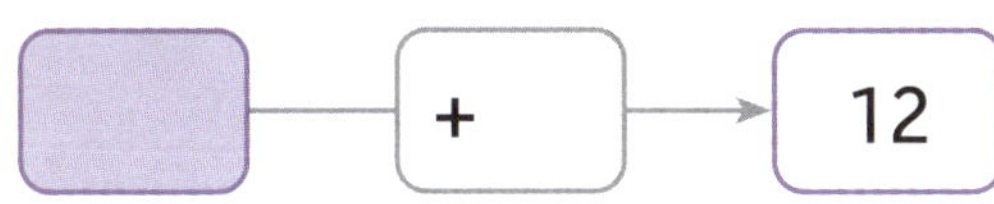

/2

37-29 Punkte:	Du bist spitze!
28-15 Punkte:	Schau genau an, was dir noch unklar ist!
weniger als 15:	Du solltest weiter üben!

Gesamt: /37

Die Lösungen zu den Tests stehen am Ende des Lösungsteils.

Geld und Sachaufgaben

86 Welche Rückseite gehört dazu? Verbinde.

87 Das Zeichen für Euro: Schreibe.

88 ▸ Wie viel € oder ct sind es?

10 €

L

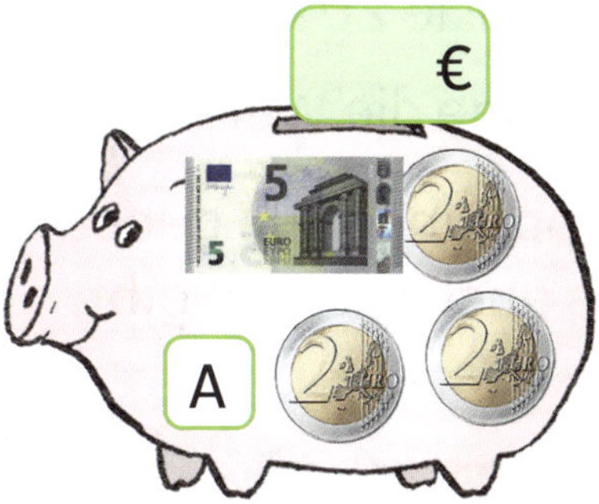

€

A

ct

C

ct

S

€

U

€

H

▸ Von wenig bis viel: Ordne die Beträge von oben. Schreibe dann die Buchstaben dazu. Was bist du?

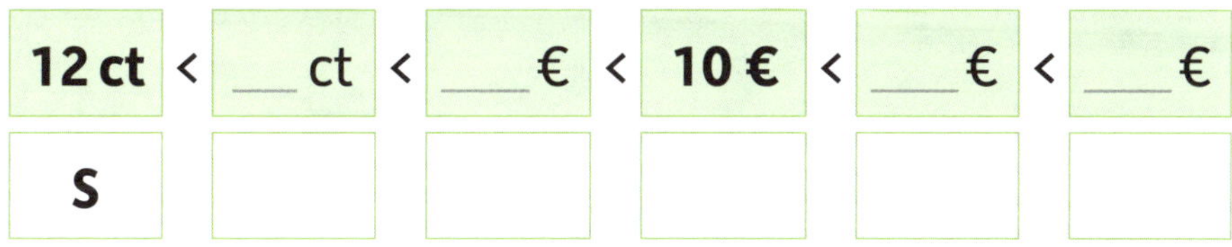

12 ct	<	___ ct	<	___ €	<	**10 €**	<	___ €	<	___ €
S										

89 Kannst du das Geld wechseln?
Wechsle 20 € dreimal auf verschiedene Weise.

▶ Trage die Werte in die Scheine und Münzen ein.

Tipp: Überlege genau, welche Scheine und Münzen es auch wirklich gibt.

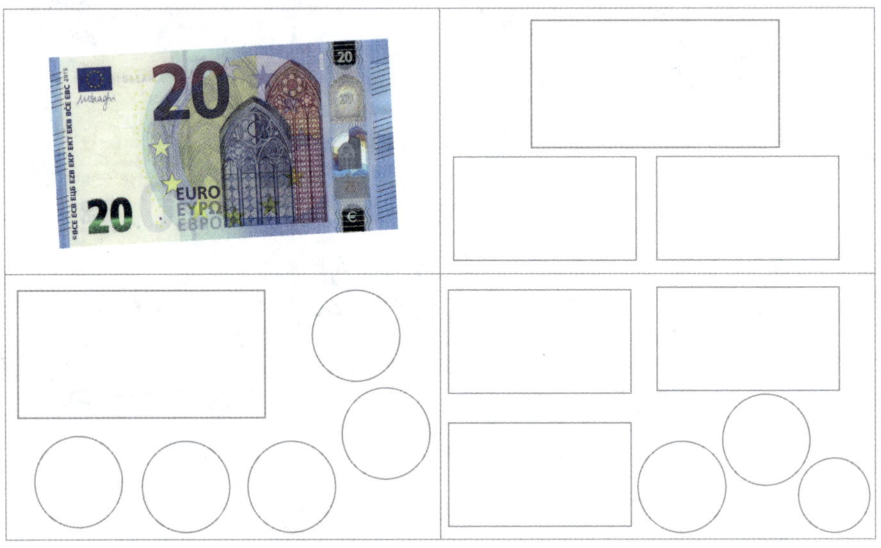

Nun wechsle  :

▶ Finde selbst zwei verschiedene Möglichkeiten.

90 Geld ergänzen

▶ Was fehlt noch bis **10 €**? Schreibe passende Zahlen in Scheine und Münzen.

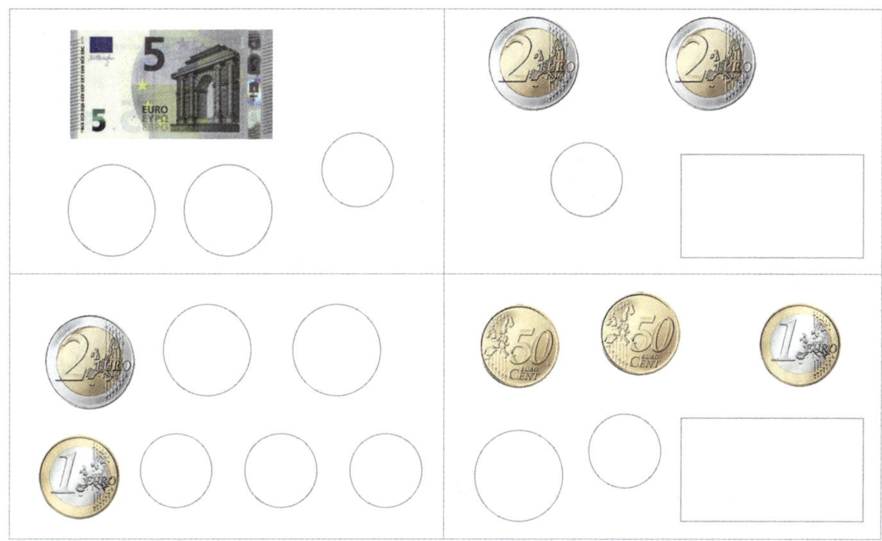

▶ Rechne im Kopf aus, wie viel noch fehlt.

2 € + ____ € = 5 €

5 € + ____ € = 20 €

7 € + ____ € = 10 €

14 € + ____ € = 20 €

8 € + ____ € = 20 €

5 € + 5 € + 5 € + ____ € = 20 €

18 € + ____ € = 20 €

6 € 50 ct + ____ € ____ ct = 10 €

91 Im Spielwarenladen

10 €

12 €

6 €

4 €

15 €

14 €

3 €

5 €

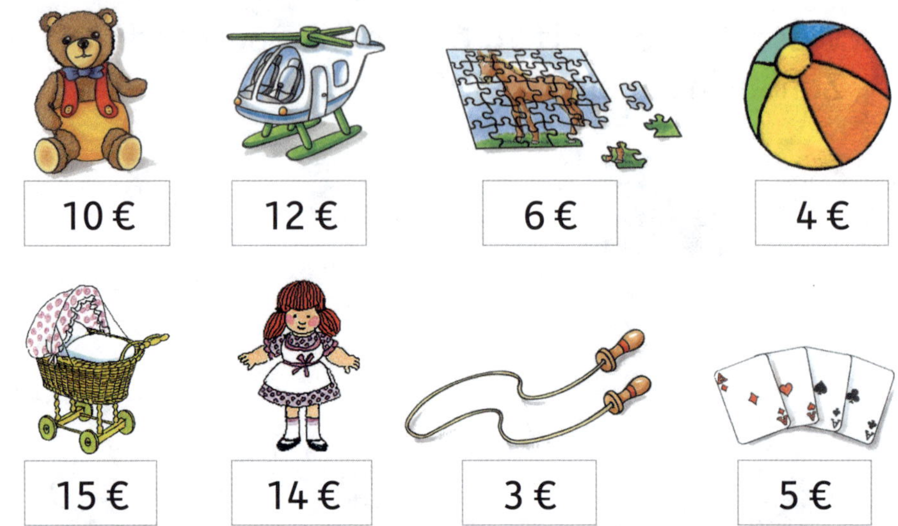

▶ Kaufe ein. Wie viel kostet es zusammen?

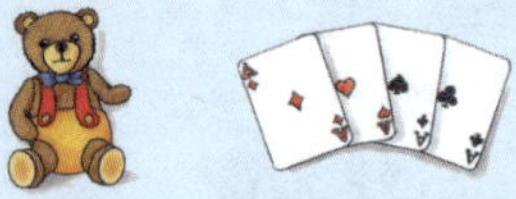
10 € + **5** € = ____ €

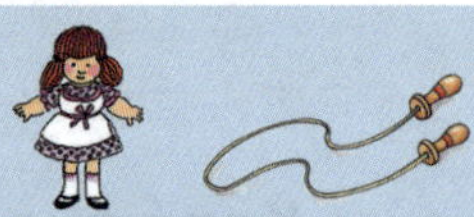
____ € + ____ € = ____ €

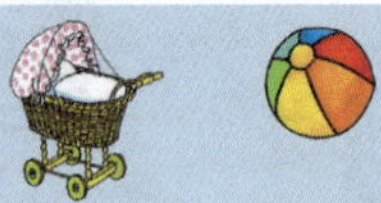
____ € + ____ € = ____ €

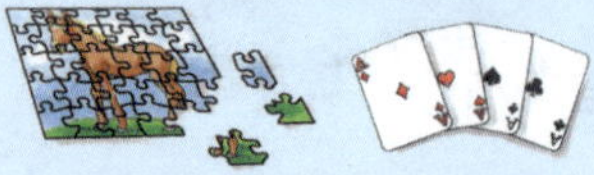
____ € + ____ € = ____ €

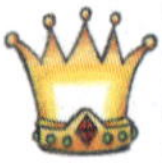

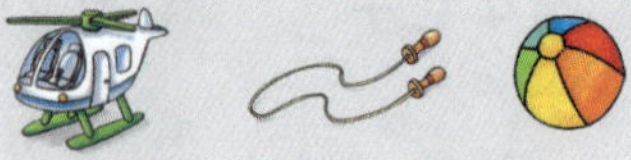
____ € + ____ € + ____ € = ____ €

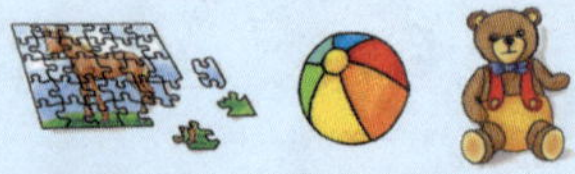
____ € + ____ € + ____ € = ____ €

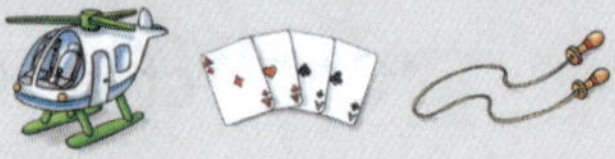
____ € + ____ € + ____ € = ____ €

▶ Mario kauft den . Er bezahlt mit .

Wie viel Geld bekommt er zurück?

Rechne: ______________________________

Antworte: Er bekommt ______ € zurück.

▶ Lea bezahlt die  und den  mit .

Wie viel Geld bekommt sie zurück?

Rechne: ______________________________

Antworte: ______________________________.

▶ Wie viel kostet es? Wie viel Geld gibt es zurück?

+	+ 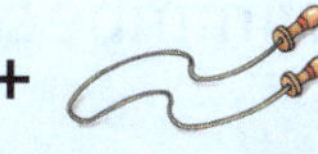	 + 
12 € + **6** € = **18 €**	____ € + ____ € = ____ €	____ € + ____ € = ____ € 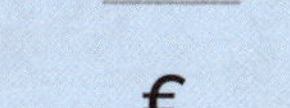
bezahlt mit: 	bezahlt mit:	bezahlt mit: 
Geld zurück: **20** € – **18** € = ____ €	Geld zurück: **15** € – ____ € = ____ €	Geld zurück: ____ € – ____ € = ____ €

92 Im Freibad

▶ **Jonas** geht **mit 4 Freunden** ins Freibad.
Der Eintritt kostet **für jedes Kind 2 €**.

Frage: Wie viel Eintritt bezahlen alle zusammen?

Rechnung: ______________________________

Antwort: Alle zusammen müssen ______ € bezahlen.

▶ **Jonas und Max** und **9 weitere Kinder** schwimmen im Schwimmbecken.
3 andere Kinder springen von der Seite hinein.

Frage: Wie viele Kinder sind jetzt im Becken?

Rechnung: ______________________________

Antwort: Im Schwimmbecken sind _____ Kinder.

▶ **Jonas** springt **3 Mal** vom 1-Meter-Sprungbrett, **Max 2 Mal**, die anderen **3 Freunde jeder nur 1 Mal**.

Frage: Wie oft springen alle insgesamt vom Brett?

Rechnung: ______________________________

Antwort: ______________________________

93 ▶ Wo landest du im Wasser? Male das Ende jeder Rutsche (unten) mit der Farbe vom Start (oben) an.

▶ Auf dem Rutschenhügel sind 6 orange Pfosten. Wie viele gelbe Pfosten findest du, und wie viele Pfosten sind es zusammen?
(Tipp zum Zählen: Streiche schon gezählte Pfosten durch!)

Rechnung: ______________________________

Antwort: Es sind insgesamt ____ Pfosten.

94 Zwei Rechengeschichten sind durcheinandergeraten: Welche Frage, Rechnung und Antwort passt dazu?

▶ Entscheide dich und rahme die Kästchen **rot** oder **blau** ein. Rechne aus.

Hotdog 2€
Bratwurst 3€
Eis 2€
Limo 1€

Lisa und Paul gehen mit Vater und zwei Schulfreunden ins Freibad.

Vater bezahlt 5 Hotdogs und 4 Flaschen Limo mit drei 5-€-Scheinen.

Wie viel Geld bekommt er zurück?

Wie viel kostet der Eintritt für sie alle?

4 € + 2 € + 2 € + 2 € + 2 € = ____ €

2 € + 2 € + 2 € + 2 € + 2 € + 1 € + 1 € + 1 € + 1 € = ____ €

bezahlt: 5 € + 5 € + 5 € = ____ €

zurück: ____ € – ____ € = ____ €

Der Eintritt für alle kostet ____ €.

Vater bekommt ____ € zurück.

95 Zahlenrätsel

Ich ziehe 8 von 13 ab.
Ich erhalte
die Zahl: ____.

Ich verdopple meine Zahl und erhalte 16.

Die Zahl heißt: ____.

Meine Zahl liegt genau in der Mitte zwischen 12 und 18.

11 12 13 14 15 16 17 18 19

Die Zahl heißt: ____.

6 ist genau die Hälfte der gesuchten Zahl.

Die Zahl heißt: ____.

Die Zahl liegt zwischen 10 und 20. Sie hat zwei gleiche Ziffern.

Die Zahl heißt: ____.

3 Freunde sind alle zusammen von 15.00 Uhr bis 17.00 Uhr auf dem Spielplatz.

Wie viele Stunden spielen sie dort?

Antwort: ______________________________

Test 4: Geld und Sachaufgaben

Punkte:

1 Wie viel Geld ist es?

____ €   ____ €

/2

2 Wechsle genau. Welche Münzen brauchst du?

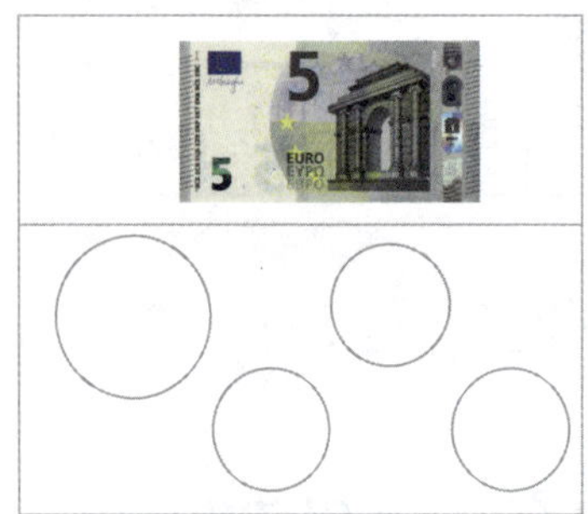

/2

3 Wie viel fehlt noch bis 15 €? Ergänze.

▶   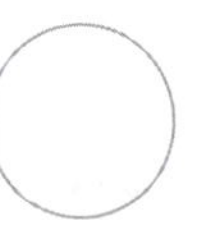 

/1

▶ 12 € + ____ € = 15 €

▶ 14 € + 50 ct + ____ ct = 15 €

/2

Punkte:

4 Was kostet es zusammen?

Buch + Teddy	___ € + ___ € = ___ €
Ball + Auto	___ € + ___ € = ___ €
Buch + Auto + Ball	___ € + ___ € + ___ € = ___ €

○ /3

Löse die Textaufgaben. Rechne und antworte.

5 Jule kauft den Ball. Sie bezahlt mit 5 €.
Wie viel Geld bekommt sie zurück?

Rechnung: ______________________________ ○ /2

Antwort: ______________________________ ○ /1

6 Kilian will das Buch und das Auto haben.
Er hat einen 10-€-Schein. Reicht das Geld?

Rechnung: ______________________________ ○ /2

Antwort: ______________________________ ○ /1

16-13 Punkte: Gut gemacht! Du bist spitze!
12-8 Punkte: Schau genau an, was dir noch unklar ist!
weniger als 8: Du solltest weiter üben!

Gesamt: ○ /16

Geometrie

96 Flächenformen: Verbinde Form und Name.
Drei Formen passen nicht. Male sie **gelb** aus.

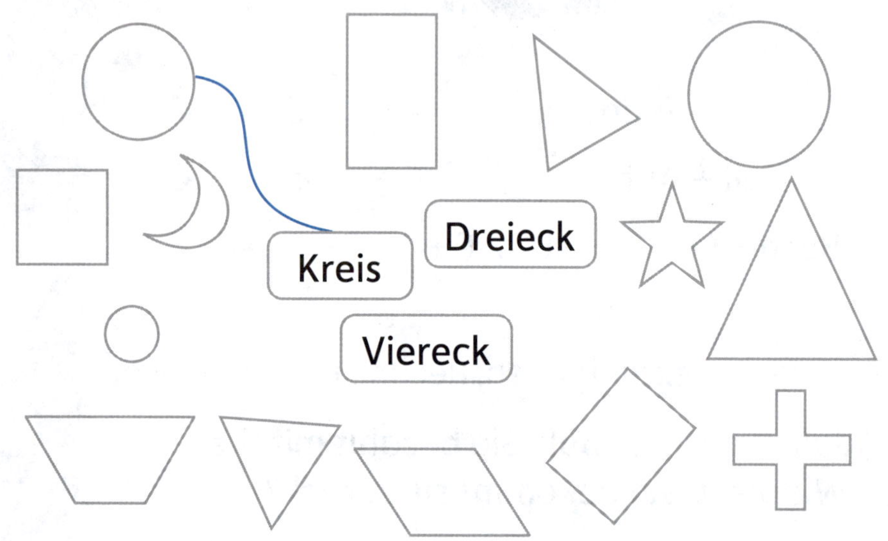

97 Male aus: **Rechtecke** und **Quadrate** .

98 Erkennst du alle Formen?

▶ Hier sind 10 **Quadrate** versteckt. Male sie **rot** aus.

▶ Male die **Kreise grün** nach. Zähle, wie viele es sind.
Antwort: Ich finde ____ Kreise.

▶ Eine **andere Form** ist kein Viereck oder Dreieck oder Kreis. Du findest sie 3 Mal. Male sie **gelb** an.

99 Am Geobrett: Zeichne jede Form noch 2 Mal.

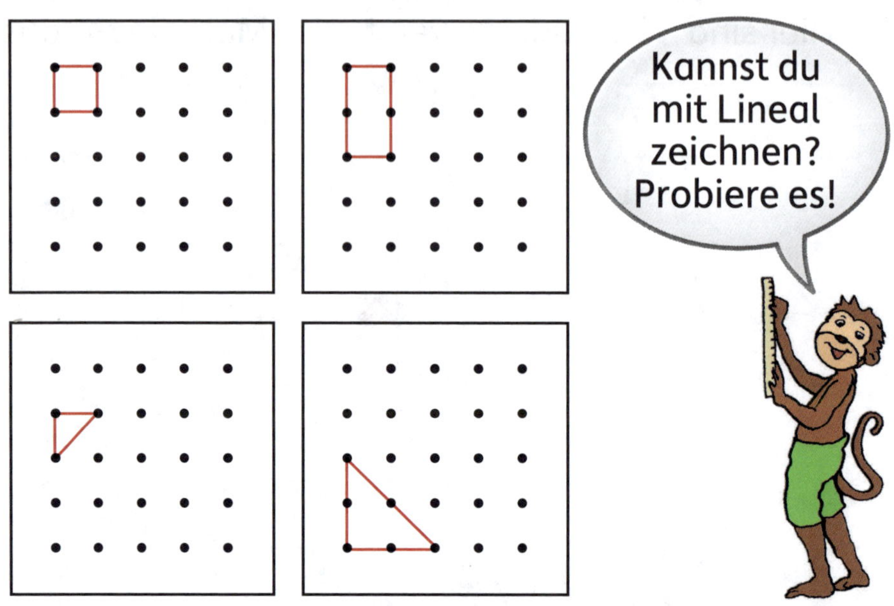

100 Verbinde die Punkte einer Farbe so, dass Rechtecke, Quadrate oder Dreiecke entstehen.

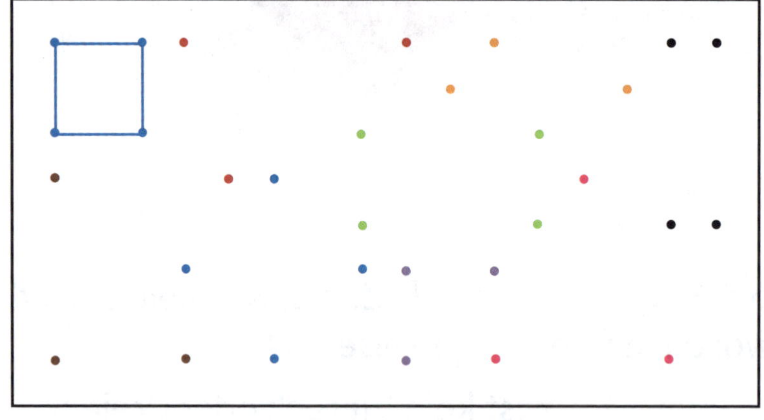

Rechtecke: ____ Quadrate: ____ Dreiecke: ____

Test 5: Geometrie

Punkte:

1 Wie heißen die Formen?

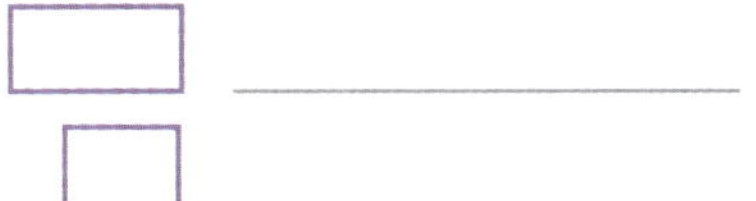

/4

2 Zeichne ins Geobrett:

2 Quadrate: 2 Dreiecke:

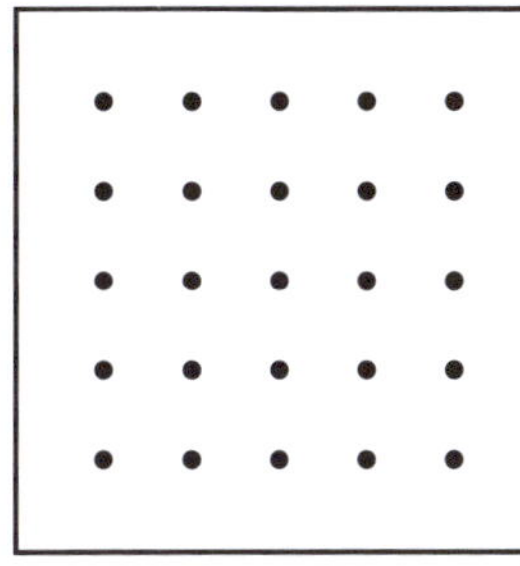

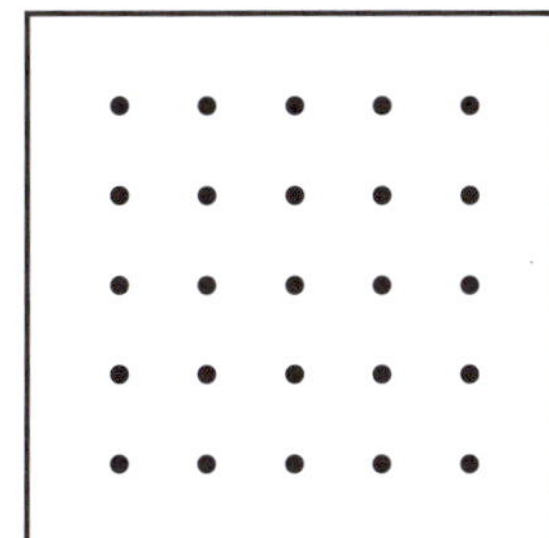

/4

3 Zeichne fertig.

Zeichne einen Strich, der aus dem Dach ein Dreieck macht.

1 rechteckige Tür

2 quadratische Fenster

1 kreisrundes Fenster

/5

Gesamt:

/13

13-11 Punkte: Gut gemacht!
weniger als 11: Schau noch mal die Aufgaben 96 – 100 an!

Uhr und Uhrzeit

101 Schreibe beide Uhrzeiten dazu.

12 Stunden später, aber die Uhr sieht wieder gleich aus!

3.00 Uhr	**6.00** Uhr	____ Uhr
15.00 Uhr	____ Uhr	____ Uhr
____ Uhr	____ Uhr	____ Uhr
____ Uhr	____ Uhr	____ Uhr

102 Bilder – Tageszeiten – Uhrzeiten. Verbinde passend.

morgens | vormittags | abends | nachts | mittags | nachmittags

19.00 Uhr | 7.00 Uhr | 10.00 Uhr | 15.00 Uhr | 1.00 Uhr | 12.00 Uhr

103 Verbinde passend mit den Uhren in der Mitte.

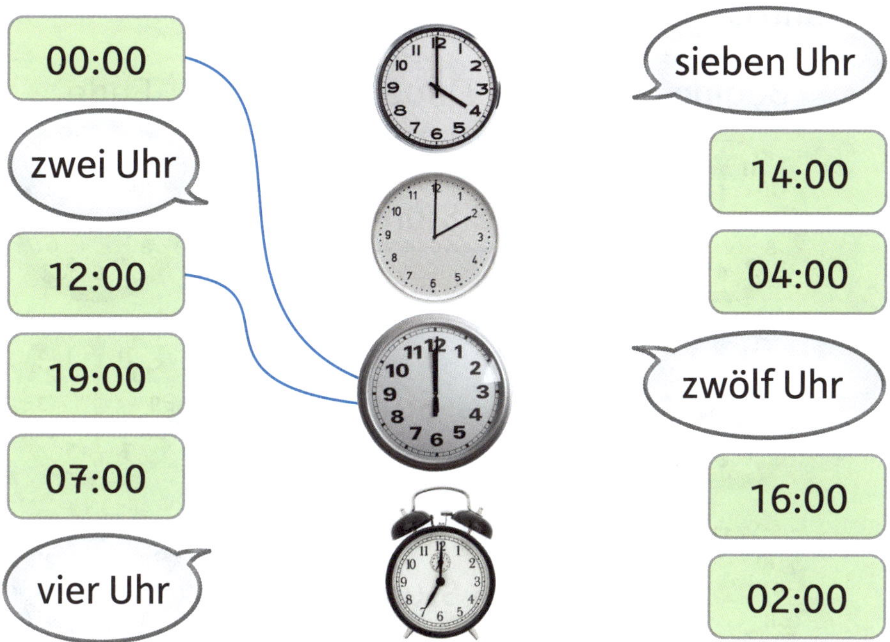

104 Wie zeigt es die Uhr an?
Zeichne: **Stundenzeiger rot**, **Minutenzeiger blau**.

105 Wann ist der Beginn? Wie lange dauert es?
Wann ist es zu Ende? Fülle weiter aus.

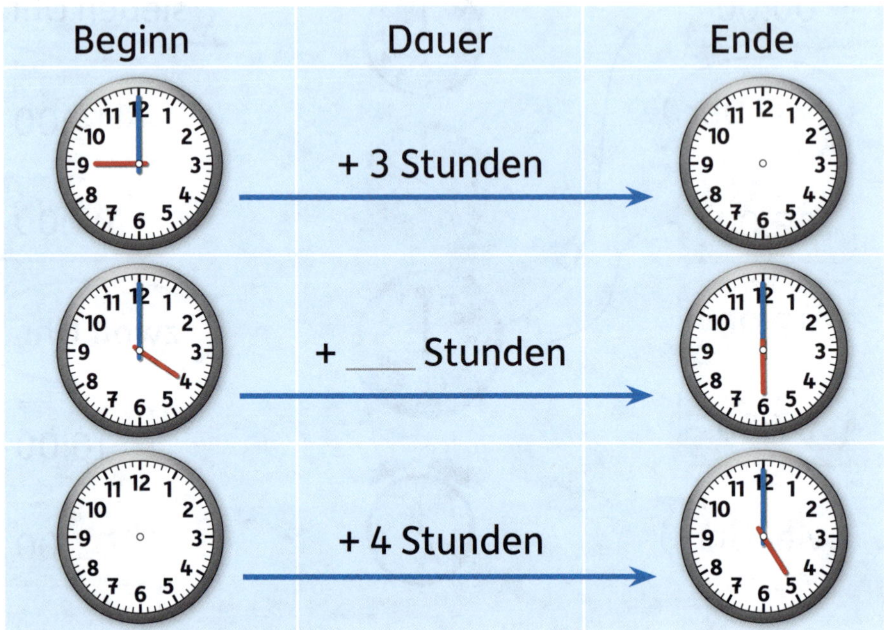

106 Wie viele Stunden sind vergangen?

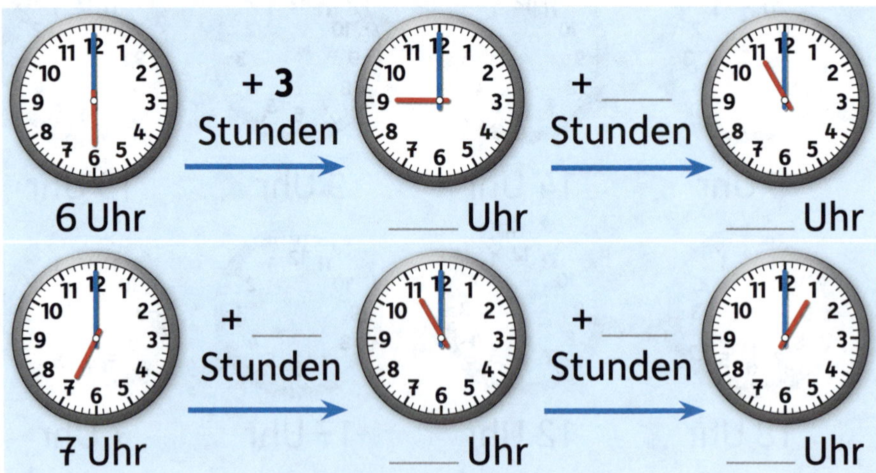

107 Luca hat heute ein Fußballturnier. Es beginnt um 10.00 Uhr und dauert 4 Stunden lang.

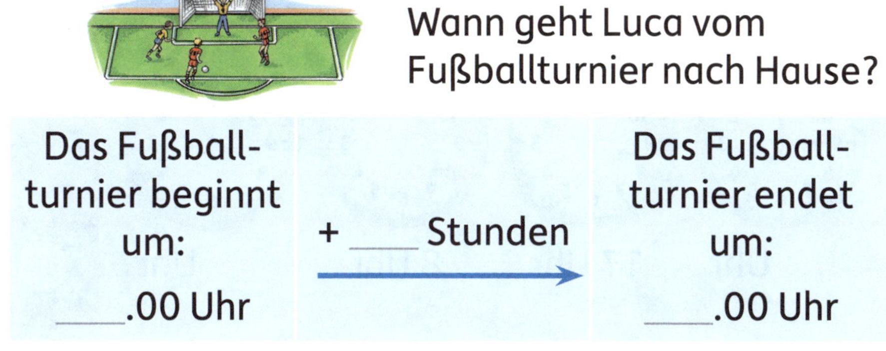

Wann geht Luca vom Fußballturnier nach Hause?

Das Fußball-turnier beginnt um:		Das Fußball-turnier endet um:
____.00 Uhr	+ ___ Stunden →	____.00 Uhr

Antwort: Luca geht um ____.00 Uhr wieder nach Hause.

108 Male das Quadrat fertig aus. Achte auf die Farben.

Test 6: Uhrzeiten

1 Trage die fehlenden Zeiger oder Uhrzeiten ein.

2 Wie lange dauert es?

Toll! Das war der letzte Test!
Jetzt kannst du die Uhr bestimmt gut lesen!

Punkte:

/4

/3

Gesamt

/7

Ausblick 2. Klasse

109 So geht es in der 2. Klasse weiter:
Verbinde die Zahlen von 20 bis 100.

Begriffe und Tipps

Die Ziffern 0, 1, 2, 3, 4, 5, 6, 7, 8 und 9 sind die Zeichen, mit denen man alle Zahlen schreiben kann.

Rechenzeichen: Plus und Minus

	PLUS
+	Es kommt etwas dazu, es wird mehr.

	MINUS
–	Es kommt etwas weg, es wird weniger.

Geometrische Grundbegriffe:

Flächenformen: Dreieck Kreis Rechteck Quadrat

Ecke
Seite

Das Quadrat ist ein besonderes Rechteck: Alle 4 Seiten sind gleich lang.

Die wichtigsten Größen aus der 1. Klasse:

Uhr:	In einer Stunde geht der kurze Stundenzeiger 1 Ziffer weiter, der lange Minutenzeiger dreht eine ganze Runde!
Zeit:	1 Stunde (h) = 60 Minuten (min) 1 Tag = 24 Stunden 1 Woche = 7 Tage
Geld:	1 Euro (€) = 100 Cent (ct)

Tauschaufgaben: Die Zahlen werden vertauscht.

5 + 2 = 7 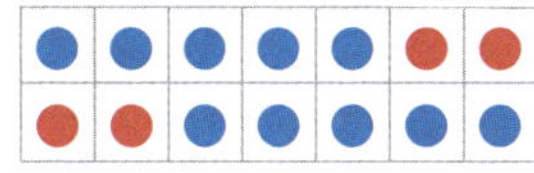 2 + 5 = 7

Umkehraufgaben: Das Rechenzeichen wechselt.
Rechne umgekehrt in die andere Richtung!

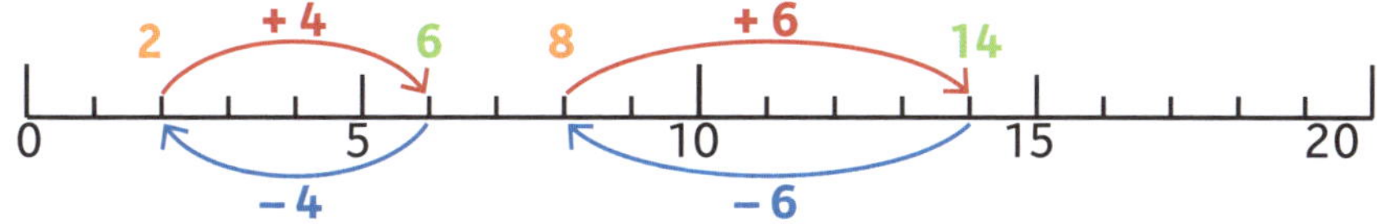

Das **Rechenzeichen wechselt**: + → – oder – → +

Tipps für Aufgaben mit Lücken/Platzhaltern:

2 + __ = 7 → 7 – 2 = 5   7 – __ = 5 → 7 – 5 = 2

__ + 2 = 7 → 7 – 2 = 5   __ – 2 = 5 → 5 + 2 = 7

Wichtige Wörter in Sachaufgaben:

Bei diesen Wörtern:	Rechne meistens:
bekommen, kaufen, sparen, dazugeben Wie viel … zusammen / insgesamt?	+
wegnehmen, ausgeben, verschenken, verlieren Wie viel ist übrig / bekommt … zurück / ist noch da?	–

Stichwortverzeichnis

zu 37

7 4 1 9 6

3 5 10 2 8

zu 71

4 17 15 5

2 19 1 20

13 14 12 9

16 7 6 18